高含硫有水气藏水侵动态与水平井产能评价

郭　肖　著

科学出版社

北京

内 容 简 介

本书全面系统阐述了高含硫裂缝性底水气藏地质及开发特征、高含硫有水气藏流体物性特征及水侵特征、高含硫气藏水平井硫饱和度预测、高含硫底水气藏水平井产能、高含硫气藏水平井合理配产研究、高含硫底水气藏渗流数学模型、高含硫底水气藏产能预测及水侵规律。

本书可供从事油气田开发研究人员、油藏工程师以及油气田开发管理人员参考，同时也可作为大专院校相关专业师生的参考书。

图书在版编目(CIP)数据

高含硫有水气藏水侵动态与水平井产能评价 / 郭肖著. —北京:科学出版社, 2020.10
(高含硫气藏开发理论与实验丛书)
ISBN 978-7-03-066176-0

Ⅰ.①高… Ⅱ.①郭… Ⅲ.①含硫气体-气藏-水侵-动态-研究 ②含硫气体-气藏-水平井-产能评价 Ⅳ.①TE375

中国版本图书馆 CIP 数据核字 (2020) 第 175985 号

责任编辑：罗 莉 陈 杰 / 责任校对：彭 映
责任印制：罗 科 / 封面设计：墨创文化

科学出版社 出版
北京东黄城根北街16号
邮政编码：100717
http://www.sciencep.com
四川煤田地质制图印刷厂印刷
科学出版社发行 各地新华书店经销

*

2020 年 10 月第 一 版 开本：787×1092 1/16
2020 年 10 月第一次印刷 印张：10 1/4
字数：245 000

定价：149.00 元
(如有印装质量问题,我社负责调换)

序　言

四川盆地是我国现代天然气工业的摇篮,川东北地区高含硫气藏资源量丰富。我国相继在四川盆地发现并投产威远、卧龙河、中坝、磨溪、黄龙场、高峰场、龙岗、普光、安岳、元坝、罗家寨等含硫气田。含硫气藏开发普遍具有流体相变规律复杂、液态硫吸附储层伤害严重、硫沉积和边底水侵入的双重作用加速气井产量下降、水平井产能动态预测复杂、储层-井筒一体化模拟计算困难等一系列气藏工程问题。

油气藏地质及开发工程国家重点实验室高含硫气藏开发研究团队针对高含硫气藏开发的基础问题、科学问题和技术难题,长期从事高含硫气藏渗流物理实验与基础理论研究,采用物理模拟和数学模型相结合、宏观与微观相结合、理论与实践相结合的研究方法,采用"边设计-边研制-边研发-边研究-边实践"的研究思路,形成了基于实验研究、理论分析、软件研发与现场应用为一体的高含硫气藏开发研究体系,引领了我国高含硫气藏物理化学渗流理论与技术的发展,研究成果已为四川盆地川东北地区高含硫气藏安全高效开发发挥了重要支撑作用。

为了总结高含硫气藏开发渗流理论与实验技术,为大专院校相关专业师生、油气田开发研究人员、油藏工程师以及油气田开发管理人员提供参考,本研究团队历时多年编撰了"高含硫气藏开发理论与实验丛书",该系列共有 6 个专题分册,分别为:《高含硫气藏硫沉积和水-岩反应机理研究》《高含硫气藏相对渗透率》《高含硫气藏液硫吸附对储层伤害的影响研究》《高含硫气井井筒硫沉积评价》《高含硫有水气藏水侵动态与水平井产能评价》以及《高含硫气藏储层-井筒一体化模拟》。丛书综合反映了油气藏地质及开发工程国家重点实验室在高含硫气藏开发渗流和实验方面的研究成果。

"高含硫气藏开发理论与实验丛书"的出版将为我国高含硫气藏开发工程的发展提供必要的理论基础和有力的技术支撑。

罗平亚

2020.03

前　言

高含硫气藏在我国川东北地区有着广泛分布，现发现的高含硫气藏大多数含有边底水。高含硫气藏气体在开采过程中，地层压力和温度不断下降，元素硫将以单体形式从载硫气体中析出，且在适当的温度条件下以固态硫的形式存在，并在储层岩石的孔隙喉道中沉积，从而堵塞天然气的渗流通道，降低地层有效孔隙空间及渗透率，影响气体产能。另外，边底水会沿着裂缝窜入气层，在地层中形成气、水两相渗流，大大降低了气相渗透率，导致气井见水早，无水采气期短，见水后含水率直线上升，甚至出现暴性水淹，在井底形成积液，导致产气量急剧下降。由于 H_2S 气体具有强腐蚀性和剧毒性，高含硫气藏通常采用水平井和大斜度井开发实现 "少井多产"。水平井产能评价需要综合考虑硫沉积和水侵作用，开展高含硫有水气藏水侵动态与水平井产能评价具有复杂性。

本书内容涵盖高含硫裂缝性底水气藏地质及开发特征、高含硫有水气藏流体物性特征研究、高含硫有水气藏水侵特征研究、高含硫气藏水平井硫饱和度预测、高含硫底水气藏水平井产能、高含硫气藏水平井合理配产研究、高含硫底水气藏渗流数学模型以及高含硫底水气藏产能预测及水侵规律研究。

本书的出版得到国家自然科学基金面上项目"考虑液硫吸附作用的高含硫气藏地层条件气-液硫相对渗透率实验与计算模型研究"（51874249）和国家油气重大专项"复杂生物礁气藏精细数值模拟"（2016ZX05017-005-005）资助，同时，得到了油气藏地质及开发工程国家重点实验室的支持，在此表示感谢。

希望本书能为油气田开发研究人员、油藏工程师以及油气田开发管理人员提供参考，同时也可作为大专院校相关专业师生的参考书。限于编者的水平，书中难免存在不足和疏漏之处，恳请同行专家和读者批评指正，以便今后不断对其进行完善。

编者

2019 年 11 月

目　　录

第1章　绪论 ··· 1
1.1　研究目的与意义 ·· 1
1.2　国内外研究现状与进展 ·· 1
1.2.1　含水流体物性研究 ··· 1
1.2.2　水侵特征研究 ·· 2
1.2.3　水侵渗流模型研究 ··· 4
1.2.4　裂缝性底水气藏数值模拟研究 ·· 5
1.2.5　水平井产能研究 ·· 6
1.2.6　底水气藏水侵研究 ··· 7
第2章　高含硫裂缝性底水气藏地质及开发特征 ·· 9
2.1　高含硫裂缝性气藏的地质特征 ··· 9
2.1.1　孔隙结构特征 ·· 9
2.1.2　裂缝特征 ··· 10
2.1.3　非均质性特征 ··· 10
2.1.4　硫沉积特征 ·· 10
2.2　高含硫裂缝性底水气藏的开发特征 ··· 11
2.2.1　水侵特征 ··· 11
2.2.2　裂缝渗流特征 ··· 13
2.2.3　应力敏感特征 ··· 14
2.2.4　高含硫裂缝气藏水侵影响因素 ·· 15
第3章　高含硫有水气藏流体物性特征 ·· 16
3.1　实验方法 ·· 16
3.2　实验装置 ·· 16
3.3　实验步骤 ·· 17
3.4　实验样品 ·· 18
3.5　实验结果分析 ·· 19
3.5.1　含水量分析 ·· 19
3.5.2　P-T 相图分析 ··· 20
3.5.3　黏度分析 ··· 20
3.5.4　偏差因子分析 ··· 22
3.6　含水酸性气体黏度预测模型 ·· 23
3.6.1　非酸性气体含水量计算 ·· 23
3.6.2　含水酸性气体含水量计算 ··· 24
3.6.3　含水酸性气体组分计算与修正 ·· 25
3.6.4　酸性气体黏度计算方法 ·· 25
3.6.5　模型验证及分析 ·· 30

第 4 章　高含硫有水气藏水侵特征··39
　4.1　水侵模式··39
　　4.1.1　微观水侵··39
　　4.1.2　宏观水侵··40
　4.2　水侵方向··41
　4.3　出水特征及识别方式··41
　　4.3.1　出水来源及特征··41
　　4.3.2　出水识别方式··42
　4.4　识别方法··42
　　4.4.1　井口压力的变化··43
　　4.4.2　出水井 H_2S 含量变化··43
　　4.4.3　气水比异常变化··44
　4.5　水侵量与水体大小计算··44
　　4.5.1　模型介绍与参数求取··45
　　4.5.2　模型的建立与求解··47
　4.6　高含硫底水气藏气井见水时间预测模型······································51
　　4.6.1　模型的假设与建立··51
　　4.6.2　模型参数的求取··52
　　4.6.3　实例计算与分析··56
　4.7　高含硫边水气藏气井见水时间预测模型······································60
　　4.7.1　模型建立与求解··60
　　4.7.2　实例计算与分析··62

第 5 章　高含硫气藏水平井硫饱和度预测··65
　5.1　高含硫气藏水平井硫饱和度预测数学模型····································65
　　5.1.1　预测模型假设条件··65
　　5.1.2　预测模型分析··65
　5.2　高含硫气藏水平井硫饱和度影响因素分析····································74
　　5.2.1　不同渗流阶段的硫沉积对比··74
　　5.2.2　产量的影响··75
　　5.2.3　地层压力的影响··76
　　5.2.4　应力敏感的影响··77
　　5.2.5　水平井水平段长度的影响··77
　　5.2.6　储层各向异性的影响··78

第 6 章　高含硫底水气藏水平井产能··80
　6.1　底水气藏水平井产能公式的建立··80
　6.2　高含硫底水气藏水平井产能预测方法的校正··································84
　　6.2.1　考虑多相流动的水平井产能修正······································84
　　6.2.2　考虑各向异性对应的水平井产能修正··································84
　　6.2.3　考虑硫沉积所对应水平井的产能修正··································85
　　6.2.4　考虑非达西流动所对应的水平井产能修正······························86
　6.3　高含硫底水气藏水平井产能影响因素分析····································87
　　6.3.1　地层压力对水平井产能的影响··88
　　6.3.2　水平井段长度对水平井产能的影响····································89
　　6.3.3　硫沉积对水平井产能的影响··90

　　　6.3.4　各向异性对水平井产能的影响 ·· 90
　　　6.3.5　地层水对水平井产能的影响 ·· 91
　　　6.3.6　应力敏感对水平井产能的影响 ··· 91
第7章　高含硫气藏水平井合理配产研究 ··· 92
　7.1　合理产量确定的原则 ··· 92
　7.2　合理配产研究 ··· 92
　　　7.2.1　单井临界携液流量 ·· 92
　　　7.2.2　单井临界携硫流量 ··· 104
　　　7.2.3　单井冲蚀流量 ··· 108
　　　7.2.4　试采法 ·· 110
　　　7.2.5　采气指示曲线 ··· 110
　　　7.2.6　类比法 ·· 116
第8章　高含硫底水气藏渗流数学模型 ··· 119
　8.1　高含硫气藏双重介质几何模型 ·· 119
　8.2　数学模型假设条件 ·· 119
　8.3　数学模型的建立 ·· 120
　　　8.3.1　气与水相连续性方程 ·· 120
　　　8.3.2　硫颗粒的连续性方程 ·· 121
　　　8.3.3　模型辅助方程 ··· 123
　　　8.3.4　模型的边界条件 ·· 123
　　　8.3.5　初始条件 ·· 124
　8.4　数学模型的求解 ·· 125
　　　8.4.1　流动方程的离散化 ··· 125
　　　8.4.2　水平井模型的处理 ··· 130
第9章　高含硫底水气藏产能预测及水侵规律研究 ·································· 132
　9.1　数值机理模型及参数 ·· 132
　　　9.1.1　程序设计流程 ··· 132
　　　9.1.2　机理模型 ·· 133
　　　9.1.3　模型基本参数 ··· 133
　9.2　模型可靠性验证 ·· 135
　　　9.2.1　模型零流量验证 ·· 135
　　　9.2.2　模型可靠性验证 ·· 135
　9.3　高含硫底水气藏产能预测及水侵规律影响因素分析 ····························· 136
　　　9.3.1　水体大小的影响 ·· 136
　　　9.3.2　硫沉积的影响 ··· 140
　　　9.3.3　裂缝与基质渗透率比值的影响 ·· 143
　　　9.3.4　产量的影响 ··· 145
参考文献 ··· 150

第1章 绪 论

1.1 研究目的与意义

高含硫气藏在我国川东北地区有着广泛分布,现发现的高含硫气藏大多数含有边底水。高含硫气藏气体在开采过程中,地层压力和温度不断下降,元素硫将以单体形式从载硫气体中析出,且在适当的温度条件下以固态硫的形式存在,并在储层岩石的孔隙喉道中沉积,从而堵塞天然气的渗流通道,降低地层有效孔隙空间及渗透率,影响气体产能。另外,边底水会沿着裂缝窜入气层,在地层中形成气、水两相渗流,大大降低了气相渗透率,导致气井见水早,无水采气期短,见水后含水率直线上升,甚至出现暴性水淹,在井底形成积液,导致产气量急剧下降。由于 H_2S 气体具有强腐蚀性和剧毒性,高含硫气藏通常采用水平井和大斜度井开发实现"少井多产"。水平井产能评价需要综合考虑硫沉积和水侵作用,开展高含硫有水气藏水侵动态与水平井产能评价具有复杂性。

1.2 国内外研究现状与进展

1.2.1 含水流体物性研究

2002 年,刘健仪等(2002)通过 DBR-PVT 无汞仪测定了两口井凝析气中地层水蒸气对流体性质的影响。发现压力升高,凝析气中饱和的含水量降低,溶解气水比增大。

2005 年,Gozalpour 等(2005)通过实验研究了在水摩尔含量为 1.01%、3.98%,温度为 150℃、200℃,以及高压条件下甲基环己烷、挥发油二元混合物的黏度,实验发现含水对流体黏度有影响,且压力越高,其影响越大。

2010 年,汤勇等(2010)通过实验分析了地层水在高温、高压条件下对凝析气藏 PVT 相态的影响。研究发现温度越高、压力越低,凝析气藏饱和水含量越高,所以气藏在低温、高压生产阶段时,应考虑凝析水的产出;同时发现地层水也影响凝析气藏的 P-T 相图,主要表现为:增加高温下的气相饱和压力,降低低温下的气相饱和压力。

2012 年,李丽等(2012)通过高温、高压 PVT 分析实验,发现随着压力的逐渐降低,水中溶解的天然气含量缓慢降低;同时还发现当地层水加快蒸发时,矿化度急剧增大,结垢量急剧增大。

2015 年,曲立才(2015)通过对 8 口大庆徐深气田气井实验发现该气藏天然气饱和含水量随压力的升高而降低；同时，发现水蒸气饱和蒸汽压法并不适用于该气藏含水量的预测。同年，贾英等(2015)对松南火山岩气藏流体进行高压物性实验，发现温度一定，CO_2含量越低时，气体偏差因子越大。当气藏压力与 CO_2 含量一定时，气藏温度越小，气藏气体偏差因子越小。

2015 年，李周等(2015)研究发现由于地层水的存在，随着压力的下降，水中的溶解气溢出，使得原有天然气中硫化氢的浓度增加，进而使得硫的溶解度也增大，这样导致硫在远井端沉积较少。

国内外针对凝析气藏做了大量的含水实验研究，但是在高含硫气藏含水实验研究方面存在空白。

1.2.2　水侵特征研究

1.水侵机理及识别

2002 年，周克明等(2002)通过气、水两相渗流实验，研究了裂缝-孔隙与均质孔隙模型中的水气渗流(水驱气)机理，发现裂缝-孔隙模型中封闭气的形成主要受模型的亲水性与卡断、指进、水窜作用的影响，而均质模型中主要受卡断与指进、贾敏性作用的影响。

2004 年，吴建发等(2004)通过利用激光刻蚀技术在光学玻璃板上模拟了真实裂缝结构中气水两相微裂缝流动实验，发现气、水两相在裂缝性地层中的流动主要分为卡断、绕流、水窜这三种现象。同年，康晓东等(2004)研究了水驱气藏水侵的识别方法，发现有效识别气藏水侵的方法有压降曲线识别、产出水分析、模拟计算、试井监测等，并对这些识别方法的原理、适应性以及存在的问题进行了详细阐述。

2005 年，贾长青(2005)基于气藏开发动态特征与静态地质基础相结合的原则，并根据水侵特征与出水机理，将川东石灰系气藏出水井水侵类型分为：裂缝型水侵、孔隙型水侵以及裂缝-孔隙型水侵。

2008 年，卢国助等(2008)基于气、水两相渗流微观可视化实验，研究了孔隙型与裂缝-孔隙型气藏中封闭气形成的方式与水驱动机理，同时也描述了气藏微观水侵和宏观水侵的特征。

2009 年，熊钰等(2009)通过对气藏水体的特征与水侵动态进行研究，发现水窜对气藏裂缝气井产能有影响，且可以利用产水动态情况与水体分布情况来判断各井水侵方向与水侵途径。同年，张数球和李晓波(2009)在前人对水驱气藏宏观与微观水侵机理研究的基础上，归纳总结出了水侵气藏在开发不同阶段时的开采措施与方法。

2012 年，樊怀才等(2012)通过裂缝型气藏水侵机理渗流物理模型实验，从微观机理上阐述了裂缝型气藏受到水侵时，岩石中水包气主要存在以下三种形式：绕流封闭气、卡断封闭气和水锁封闭气。

2013 年，蒋光迹等(2013)通过定容衰竭实验对普光气田采收率和硫化氢含量变化规律进行了研究，发现降低衰竭时的采出率，随着水的产出，天然气中硫化氢含量逐渐增加。

2015 年，刘华勒等(2015)通过天然全直径岩心物理模拟实验，研究了不同情况下边、底水气藏的水侵机理、水侵动态与水侵规律及其对气藏开发的影响。

2016 年，余启奎等(2016)充分应用普光气田现场生产、监测数据，统计分析了气井见水前后压力、流体性质、监测特征曲线的变化及敏感程度，同时通过物质平衡方程，利用生产指示曲线、无因次压力与采出程度曲线、视地质储量曲线进行气藏水侵识别，建立了普光气田裂缝-孔隙型储层气藏水侵识别标准。

2.水侵量及水体体积

2001 年，杨宇等(2001)基于不稳定渗流理论，用数理方程方法计算了孔隙-裂缝型气藏水侵量。

2006 年，马时刚和冯志华(2006)通过简化水体参数的计算，提出了采用出水气井的动态生产数据计算水侵量的新方法。

2007 年，张凤东等(2007)对水侵量的计算是采用遗传算法，建立了致密气藏最优化数学水侵模型。

2009 年，胡俊坤等(2009)根据异常高压气藏生产动态数据，计算出了该气藏的封闭水体倍数，同时也评价了该气藏水体能量。

2010 年，张延晨等(2010)从异常高压气藏的特点出发，考虑了多种因素的相互作用，利用常规的生产动态数据建立了水侵量模型。

2012 年，张茂林等(2012)给出了考虑硫沉积对水侵气藏容积影响的高含硫水侵气藏的物质平衡方程与水侵量计算方法。同年，AI-Ghanim 等(2012)在底水气藏水侵量计算方面提出了非参数最优转换模型。

2013 年，唐川等(2013)考虑了水封气的情况，利用地层压力变化数据进行拟合，能很方便地计算出气藏水侵量。同年，冯曦等(2013)通过重点观察气藏水侵通道上的水区压力变化，分析出了气藏边底水水侵的特征，并给出了水侵气藏水侵量大小的估算方法。

3.见水时间

随着气藏不断被发现，气藏开采后期，气井见水时间预测等问题严重困扰着油藏工作者。国内外对气井见水时间的研究主要集中在近十几年。

2004 年，Zhang 等(2004)根据水锥现象，同时忽略毛管力和重力，推导出了底水凝析气藏考虑凝析油影响的见水时间预测公式。研究发现流度比、束缚水、残余气、储水厚度等是控制水锥突破的主要参数，可作为估算水锥突破时间的基本参考指标。

2007 年，王会强等(2007)推导出了多孔介质中质点渗流条件下的底水气藏水锥突破时间计算公式，实例分析发现，以定产量生产的底水气藏生产井，其他条件一定时，该井的见水时间随着气藏打开程度的增大而增加。

2008 年，王会强等(2008)基于多孔介质中流体同一质点所处压力不变的渗流规律，推导了考虑多因素(如：束缚水饱和度、流度比、气井与边水间距)影响的边水气藏气井见水时间计算模型。

2012 年，徐耀东(2012)通过底水气藏数值模拟方法，建立了无因次时间与无因次锥高之间的底水气藏见水时间计算模型。运用该模型方法实例分析了某气藏见水时间，通过模拟数据与实例数据对比发现：模型预测见水时间与实际气藏生产时间基本相同。

2012 年，张庆辉等(2012)将底水气藏的水锥渗流过程分为平面径向流和半球面向心流的物理模型，建立了低渗透底水气藏气井见水时间预测模型。并通过实例发现，等启动压力梯度增大时，气井见水时间不断减小。

2013 年，Wu 和 Li(2013)研究发现，在开发凝析油气藏过程中、气藏压力降至露点压力以下，凝析油分离，从而导致气井生产预测值和实际生产值显著的区别。因此，他们建立了基于多孔介质中流体流动并考虑凝析油影响的边水凝析气藏气井见水时间预测模型。该模型能有效分析凝析油析出对凝析气藏气井见水时间的影响等。

2013 年，杨芙蓉等(2013)将高产气井近井地带高速非达西效应引入边水气藏见水时间的模型中，从而给出了考虑近井地带非达西影响的气井边水气藏见水时间的计算公式。实例发现，考虑该效应影响的模型的预测时间比未考虑该效应的模型的预测时间更符合现场生产实际情况。

2014 年，李涛等(2014)通过数学推导对气井见水时间的模型进行了研究，从而得到了考虑水平井水平段长度、残余含水饱和度、气水流度比等影响因素的边水气藏水平井边水见水时间模型。

2016 年，黄全华等(2016)建立了厚层气藏的高产气井气水两相渗流物理模型，基于该物理模型推导了考虑带隔板影响的底水气藏见水时间公式，并通过实例计算分析了人工隔板位置与人工隔板长度对气井见水时间的影响。同年，胡勇等(2016)根据裂缝气藏出水井的水侵特征及气藏裂缝发育情况，基于统计学方法与部分气藏地质参数，得到了气井出水时间与单井产量、裂缝厚度的非线性关系，从非线性关系表达式中可以预测不同配产下气井的见水时间。

1.2.3　水侵渗流模型研究

1991 年，郑洪印(1991)运用 SIMBEST 模型模拟了底水气藏的动态开发，并分析了水体大小(与储层相连通的水体体积与储层的原油或气体体积的比值)、储层有效厚度、垂直与水平渗透率比、水平渗透率、完井程度、采气速度对底水锥进动态及气藏采收率的影响。

1995 年，何鲁平和陈素珍(1995)为了使运用水平井开发底水油藏在控制水锥、见水时间、底水突破的临界产量及采收率等方面均优于直井开发，采用数值模拟手段分析了原油黏度、储层厚度、水平渗透率、水平与垂直渗透率比值、油水相对渗透率、水平井长度对采油指数的影响，并通过正交分析方法提出了最优开发方案。

2006 年，郭肖等(2006)根据岩石力学理论与渗流力学知识，建立了考虑渗透率和孔隙度变化的疏松砂岩油藏耦合多相流渗流模型，该模型有效地描述了随着压力变化，渗透率和孔隙度受引力的影响而发生改变的情况。同年，张勇等(2006)建立了双重介质气固两相流的数学模型，该模型考虑元素硫的析出对地层孔隙度和渗透率的伤害，以及硫沉积后气相组成的变化对开采的影响。

2007 年，杨帆等(2007)针对凝析气藏在开采过程中会出现凝析油，将石蜡的沉积及凝析液的析出考虑到渗流模型中，从而推导了适合凝析气藏气液固三相的渗流数学模型。

同年，程开河等(2007)分析了和田河气田奥陶系底水气藏底水上升规律，并建立单井剖面模型研究了水体大小、有效厚度、射开厚度、地层渗透率等因素对底水锥进的影响。

2009 年，陈恺和何顺利(2009)利用数值模拟技术，分析了气井采气速度、气藏边水水能量、气井的射开程度等参数对砂岩底水气藏生产开发的影响，并通过改变相应的数学参数值来修正模型。

2010 年，熊钰等(2010)借鉴现有的底水气藏的数学模型，利用水体影响函数理论方法，基于边水气藏的水体影响函数(aqueous impact function，AIF)模型，建立了全新的底水驱 AIF 和压力动态分析模型，从而得到了受水体作用的裂缝性气藏水侵动态分析方法。

2011 年，李凤颖等(2011)利用数值模拟技术，通过分析基质渗透率、地层倾角、裂缝渗透率、缝长、水体大小及采气速度等因素对水侵规律的影响，总结了裂缝性异常高压边水气藏水侵规律。同年，吴克柳等(2011)基于物质平衡原理，建立了底水气藏的含水高度、含气高度随时间变化的关系式。同时，利用等值渗流阻力法，联立底水驱动垂向临界速度关系，推导出了底水气藏生产开发的渗流模型，描述了水平井临界生产压差与开采时间之间的关系。

2017 年，Guo 等(2017)利用常规气、水渗流规律，将硫沉积考虑到储层伤害模型中，通过修正硫沉积对产能的影响来修正水相渗流的速度，进而建立了考虑硫沉积的高含硫气藏气井见水时间模型，有效地分析了硫沉积与水侵之间的关系。

1.2.4 裂缝性底水气藏数值模拟研究

1963 年，Warren 等(1963)对裂缝性储层作了简化，将裂缝性储层简化为孔隙基质与裂缝网络相互重叠的两个系统，它们各自具有不同的孔隙度和渗透率，给出了基质向裂缝窜流的流量计算公式：$q = \alpha K_{\mathrm{m}} \left(p_{\mathrm{m}} - p_{\mathrm{f}} \right) / \mu$。其中，$K_{\mathrm{m}}$ 为基质渗透率，q 为基质与裂缝间的窜流量，$p_{\mathrm{m}} - p_{\mathrm{f}}$ 表示基质与裂缝网络之间的压差，α 表示形状因子。该项研究成果为裂缝性油气藏数值模拟奠定了基础。

2002 年，罗涛和王阳(2002)认为裂缝性气藏水侵常常表现出裂缝水窜的特征，水的活跃程度与大裂缝的发育程度有关。他们利用直交平分法(perpendicular bisector，PEBI)网格系统技术，建立了裂缝性底水气藏数值模型，并利用二项式方程处理流体在大裂缝中的高速非线性流动。通过数值模拟发现：大裂缝是底水窜流进入气层的主要渗流通道；在气、水界面以下层位采取排水措施能够有效提高气藏采收率，排水采气是处理水淹气井的有效手段。

2004 年，彭小龙和杜志敏(2004)认为大裂缝渗透率较高会显著影响气井水侵，于是建立了考虑大裂缝的气藏数值模型，把大裂缝简化为平板模型，把微裂缝与基质看成双重介质，并分析了不同类型的大裂缝对底水气藏见水时间、含水率变化的影响。

2014 年，苗彦平(2014)首先分析了渗透率与有效应力之间的不同关系，然后建立了考虑应力敏感及底水侵入气藏的三维双重介质气、水两相渗流数学模型，分析了水侵指数、渗透率大小、应力敏感指数、裂缝倾角及方位角等对气藏开发的影响。

2016 年，石婷(2016)针对裂缝性底水气藏，开展了不同水体大小、不同渗透率、不同衰竭速度的水侵物理模拟实验，并建立了底水气藏渗流数值模型，分析了裂缝倾角、应力敏感及裂缝方位角等对水侵的影响。

2016 年，Rilwan(2016)建立了一个具有 Fetkovich 水体的单井双孔双渗模型，并进行了敏感性分析，结果表明：各向异性增大会导致含水率上升，垂向渗透率增大会导致水侵加快，而水平裂缝渗透率增大会使水平层流体更好地分布。

2018 年，刘华林等(2018)等用加密断层面两侧网格的方法来实现对底水气藏断层纵向水侵的数值模拟，通过分析发现，靠近断层面加密网格的渗透率越大，水体沿着断层纵向推进速度越快。

2018 年，商克俭等(2018)建立了考虑应力敏感和高速非达西流的裂缝-孔隙型双重介质气藏渗流模型，利用数值模拟方法分析了不同因素对气井生产的影响，结果表明：在开发前期，应力敏感对井底压降及稳产期的变化影响不大，生产中后期应力敏感的影响逐渐表现出来。

2018 年，王彭(2018)建立了考虑硫沉积的有水气藏水侵量计算模型及见水时间计算模型，并建立了气、水、固三相双重介质渗流数学模型，分析了气藏含水量、初始含硫量、气体组分、产量大小等对裂缝性气藏水侵的影响。

1.2.5　水平井产能研究

水平井技术在全世界范围内使用广泛，国内外学者也在水平井产能预测方面做了很多研究，主要研究方法有解析法及数值模拟法。解析法主要利用镜像反映原理、势的叠加原理及等值渗流阻力法，推导出不同条件下的水平井产能公式，该方法简单可靠，已经广泛应用于生产实际中。数值模拟法主要是通过数值模拟软件，模拟不同条件下的产能，从而研究不同因素的影响情况。

1964 年，Borisov(1964)建立了封闭边界的水平井产能计算模型，得出了水平井稳态产量的解析公式，这些成果为后来的水平井产能预测奠定了基础。

1988 年，Joshi(1988)通过把三维油藏问题简化为垂直与水平的两个二维问题，假设油藏远井处为平面流动，在近井地带为径向流动，利用等效渗流阻力原理，提出了新的水平井产能公式，同时考虑了储层非均质性与水平井井筒偏心距的影响，对水平井产能公式进行了修正。目前 Joshi 产能计算公式广泛用于生产实际中。

1996 年，窦宏恩(1996)认为垂直渗流与水平渗流有相互叠加的部分，相互影响，不能简单地重叠相加，并利用镜像反映原理推导了新的水平井产能计算公式，与现场实际生产数据进行了对比，计算精度更高。

1998 年，李晓平等(1998)在气体稳定渗流模型的基础上，得到了拟压力与压力平方形式的水平井产能计算方法，并且分析了气层厚度、地层损害、水平井位置等对产能的影响，并认为水平井适用于垂直裂缝较大的气藏。

2003 年，郭肖等(2003)认为 Joshi 将水平井三维模型看成两个渗流模型不够准确，存在重力的重合，因此利用等值渗流阻力方法以及保角变换方法对 Joshi 公式做了修正。

2009 年，崔丽萍和何顺利(2009)采用与 Joshi 同样的方法，对水平井渗流模型做了简化，利用保角变换、势的叠加原理及镜像反映推导了底水油藏水平井的产能公式，并分析了偏心距、水平段长度及各向异性等对产能的影响。

2011 年，赵春森等(2011)在水平井稳定渗流的基础上，获得了单相流动下的底水油藏水平井产量计算公式，首次提出了多相流动产能计算的数学模型，分别推导了底水水侵前后的水平井产能计算方法，对底水气藏产能预测具有一定指导意义。

2012 年，王少军等(2012)利用含硫饱和度与气相相对渗透率的经验关系，建立了含硫气藏水平井产量计算公式，通过实例分析发现硫沉积和储层非均质性对水平井产量影响较大，并推荐将 Joshi 公式用于含硫气藏生产初期的产量预测。

2016 年，袁淋等(2016)基于 Joshi 水平井产能分析理论，定义了气、水两相广义拟压力，推导了考虑气井产水、应力敏感、滑脱效应及非达西效应的气、水同产水平井产能计算公式，并通过分析发现，随着生产气水比及应力敏感指数的逐渐增大，气井无阻流量逐渐减小，而滑脱因子逐渐增大，气井无阻流量逐渐增大。

2016 年，石婷等(2016)利用保角变换及势的叠加原理得到了底水油藏水平井产能计算公式，并通过分析发现垂直渗透率高的地层更有利于水平井产量的提高，水平井产量随避水高度的增加而减小，在开采时应合理选择避水高度。

2017 年，于清艳等(2017)通过镜像反映原理，建立了底水气藏水平井产能公式，并利用渗透率变异模型处理裂缝，建立了裂缝性气藏水锥突破时间和临界产量公式，分析了水平井长度、缝洞区发育情况、产量等对水侵的影响。

2018 年，张睿等(2018)总结了目前分析气井见水后产能评价的主要方法，认为井筒积液及气液两相管流对产能影响较大，而目前考虑井筒耦合的产能模型较少，水侵量计算、气水相渗实验及耦合模型研究将成为见水气井产能研究的重点。

2019 年，贾晓飞等(2019)将水平井流动区域划分为外部平面径向流、中间平面线性流以及内部垂向径向流 3 个区，利用水电相似理论及等值渗流阻力法，推导了考虑三维各向异性的水平井产能新公式，并通过对比发现，水平井产能随着垂直渗透率与平面渗透率比值的增大而增大，随着水平井与油藏主渗透率方向夹角的增加而增加。

1.2.6　底水气藏水侵研究

1989 年，Olarewaju(1989)结合气藏物质平衡方程、解析水体模型以及自动历史拟合技术研究了边底水驱气藏的生产动态。

1993 年，张丽囡等(1993)认为气井产出水主要包括由外部侵入气藏的边底水，以及存在于气藏内部的裂隙水、间隙水、凝析水和由钻井或增产措施注入的工业用水等，并分析了不同类型产出水的出水特征及出水原因。

2002 年，周克明等(2002)利用可视化实验装置研究了封闭气形成的原因，研究了不同模式下的水驱机理，发现裂缝模型中水侵形成封闭气主要是水窜、指进及卡断的作用造成的，而在均质模型中形成封闭气主要是由卡断和贾敏效应造成的。

2005 年，张新征(2005)分析了四川裂缝性有水气藏水侵危害和渗流特征，总结了裂缝性底水气藏的水侵机理和水侵模式，并建立了一种非均质气藏水侵动态预测模型。

2009 年，熊钰等(2009)根据邛西北断块须二气藏的实际情况，进行了水侵动态研究，认为裂缝非均质性较强，裂缝水窜是不可避免的，并利用产水情况及水体分布情况研究了出水井的水侵途径和水侵方向，认为水体主要沿高导流裂缝窜入气层。

2011 年，李凤颖等(2011)利用数值模拟技术研究了孔隙-裂缝型气藏的水侵规律，发现基质渗透率减小会导致气井提前见水，裂缝渗透率过大会导致裂缝水窜，水体能量越大，气井见水越早，合理控制采气速度能够避免气井过早被水淹。

2012 年，樊怀才等(2012)通过对裂缝-孔隙型的碳酸盐岩进行微观渗流模拟实验，发现封闭气主要是绕流、水锁和卡断造成的，水侵会形成多个压降区，侵入气藏的水会占据渗流通道，导致气体被封隔，形成"死气区"。

2014 年，沈伟军等(2014)通过长岩心物理模拟实验，研究了裂缝渗透率、气藏压力及水体大小对裂缝性气藏底水锥进的影响，发现：裂缝渗透能力越强，气井稳产时间越短；气井产量越大，底水上升速度越快；水体能量大小对气藏影响严重。

2015 年，赵智强(2015)利用实际气藏数据，利用物理模拟的方式，研究了水体情况、应力敏感和配产大小等对缝洞型底水气藏开发的影响。

2015 年，刘华勋等(2015)进行了全直径岩心模拟底水气藏开发实验并建立了底水水侵数学模型，结果表明：均质气藏水侵均匀推进，水侵速度慢；非均质气藏水沿着高渗带或者高角度裂缝推进速度快，且非均质越强，气井见水越早。

2016 年，朱争(2016)通过实验分析了裂缝对气、水相渗的影响，然后建立了考虑气体滑脱、应力敏感及表皮因子的底水锥进形态数学模型，针对不同井型，分析了井底压力、表皮因子及滑脱效应等对水锥形态与突破时间的影响。

2016 年，胡勇等(2016)进行了裂缝-孔隙型气藏水侵物理模拟实验，结果表明：边底水会沿着裂缝快速向井筒突进，同时基质会渗吸一部分水，储层渗透率越高、水体越大则推进速度越快，基质渗吸水后封堵了气相渗流通道，从而增大了储层基质气相渗流阻力，降低了气藏稳产能力。

2017 年，李泽沛(2017)建立了具有大裂缝的底水气藏模型，利用局部加密的方法，研究了单井配产情况、水体大小、射孔位置及纵向大裂缝位置对气井产水规律的影响。

2019 年，方飞飞等(2019)通过水侵物理模拟实验，研究了不同渗透率级差及不同布井方式对气藏开发效果的影响，结果表明气藏存在边底水时，气藏采出程度随着渗透率级差的增加先增加后减小，当气田具有较强水处理能力时，建议在高渗区和低渗区同时布井，当气田水处理能力较弱时，建议在低渗区布井，以达到最大的无水采出程度。

第 2 章　高含硫裂缝性底水气藏地质及开发特征

2.1　高含硫裂缝性气藏的地质特征

2.1.1　孔隙结构特征

高含硫裂缝性气藏主要岩石类型为碳酸盐岩。碳酸盐岩孔隙结构复杂多样，而孔隙结构作为碳酸盐岩的主要储集空间，对气体的储存影响重大。碳酸盐岩主要孔隙类型包括原生孔隙及由溶蚀或岩石破裂形成的次生孔隙。原生孔隙主要包括岩石颗粒之间相互支撑形成的粒间孔隙、碳酸盐岩颗粒内部的粒内孔隙及矿物晶体之间的晶间孔隙等。次生孔隙主要有各类颗粒矿物由于选择性溶解形成的粒内孔隙，颗粒矿物之间的胶结物或基质被溶解形成的粒间孔隙，以及由于溶解作用形成的较大的溶孔溶洞。

碳酸盐岩油气藏的孔隙度及渗透率是评价储层渗流能力的重要参数，碳酸盐岩油气藏具有两类孔隙度，第一类是岩石颗粒之间孔隙空间形成的基质孔隙度，第二类是由于裂缝或者较大溶洞形成的裂缝孔隙度。

在碳酸盐岩储层中，基质孔隙体积 V_p 与岩石总体积 V_b 之比为基质孔隙度：

$$\varphi_m = \frac{V_p}{V_b} \times 100\% \tag{2-1}$$

裂缝体积 V_f 与岩石总体积 V_b 之比为裂缝孔隙度，但由于实际中一般很难准确得到裂缝体积，所以一般采用岩石切片法，即在显微镜下直接测量裂缝开度、裂缝长度及薄片面积，则裂缝孔隙度为

$$\varphi_f = \frac{Lb}{A} \tag{2-2}$$

式中，A——薄片面积，m^2；

　　　b——裂缝的开度，m；

　　　L——裂缝的长度，m。

对于碳酸盐岩气藏，总孔隙度 φ_t 等于基质孔隙度 φ_m 和裂缝孔隙度 φ_f 之和：

$$\varphi_t = \varphi_m + \varphi_f \tag{2-3}$$

2.1.2 裂缝特征

碳酸盐岩中除了孔隙发育外，裂缝也较发育，裂缝不仅能作为储集空间，也能作为气体渗流通道，作为孔洞之间相互连通的重要通道，许多没有价值的碳酸盐岩由于裂缝的发育才具有储渗意义。一般来说，裂缝主要分为构造裂缝及成岩裂缝(王自明等，2012)。构造裂缝是由于碳酸盐岩具有脆性，在构造应力的作用下，发生破裂而形成的裂缝。构造裂缝与岩石变形密切相关，一般具有一定的方向性，并可能连接成规则的网络组。构造裂缝又主要分为张裂缝与剪切裂缝。张裂缝是由于应力大小超过了岩石的抗张强度而形成的，这种裂缝的壁面一般比较粗糙，气体在裂缝中流动容易形成局部旋涡或者产生绕流现象。剪切裂缝是由于剪切应力超过了岩石的抗剪切强度而形成的裂缝，这种裂缝一般具有一定的倾角，裂缝壁面一般比较光滑平整，裂缝延伸比较稳定，且延伸较长。构造裂缝在碳酸盐岩储层中比较常见，许多的溶蚀孔隙或溶洞都是在构造裂缝的基础上形成的。成岩裂缝是由于岩石的压实作用或者沉积物自身失水收缩而形成的，其分布一般受层理作用，多平行于层面，裂缝形态不规则，缝面较弯曲。裂缝对储层孔隙度贡献较小，一般小于 1%，但能够有效连通孤立的溶洞和孔隙，作为流体的流动通道，提高储层的渗流能力。对于高含硫裂缝性底水气藏，裂缝虽然能够作为气体的主要流动通道，但也为底水窜入储层提供了便利。所以研究高含硫裂缝性底水气藏储层，对开发该类储层具有重要的现实意义。

裂缝发育复杂，影响其形成的因素众多，一般用于表征裂缝的参数主要包括裂缝长度、裂缝开度、裂缝密度、裂缝倾角。

高含硫底水气藏储层类型多为孔隙-裂缝型，开发该类气藏时，随着气藏压力下降，流体压力降低，岩石会发生膨胀，导致裂缝趋于闭合，表现出应力敏感效应，孔隙度和渗透率降低，硫沉积与裂缝应力敏感作用相互影响，在很大程度上影响气井的产能。

2.1.3 非均质性特征

一般来说，孔隙型储层表现出均质性、各向同性，而裂缝性储层由于其裂缝具有方向性，以及细微裂缝与大裂缝分布不均匀，造成储层各向异性，在不同的部位、不同的方向具有不同的渗透能力，表现出储层具有平面非均质性。在储集层中，会有渗透率较小的隔层与夹层存在，造成储层内部不同部位具有不同的渗透率，表现出层内非均质性。同时由于垂向上裂缝受力较大，表现出水平渗透率与垂直渗透率不相同，造成储层的非均质性，非均质会导致底水沿着高渗透带裂缝侵入气藏，使气井过早见水，影响气藏开采效率(袁士义等，2004)。

2.1.4 硫沉积特征

与常规气藏相比，高含硫裂缝性气藏流体中含有大量酸性气体，并且高温、高压条件下元素硫能够溶解于酸性气体中。在开采高含硫裂缝性底水气藏时，气藏压力下降，近井地带的温度不同程度上也会降低，裂缝趋于闭合，同时元素硫在酸性气体中的溶解度逐渐减小，达到饱和溶解度后，元素硫将析出，在裂缝中沉积吸附，占据气体的流动通道，使气层孔隙度降低，渗透能力降低，气体流动阻力增大，最终导致气井产能降低，影响气藏的开采效率。

如图 2-1 所示，由于高含硫裂缝性气藏微裂缝上下两个壁面不平行，硫微粒会在裂缝中以沉降、捕获、桥堵等方式吸附或者沉积。一段时间后，在裂缝中沉积的元素硫占据了流动通道，使岩石物性参数发生变化。图 2-2 所示为某高含硫气井含硫岩心硫堵示意图（Tang et al.，2011），可以看出硫沉积主要发生在裂缝中，沉积吸附的元素硫占据了气体流动的渗流通道，使裂缝导流能力降低。

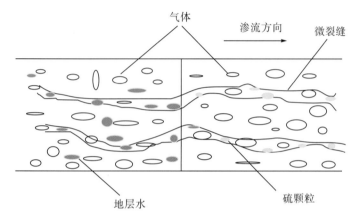

图 2-1　裂缝性底水气藏硫沉积模式示意图

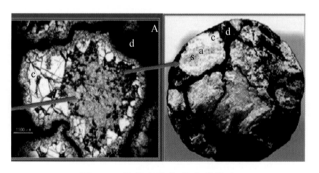

图 2-2　某高含硫气井含硫岩心

2.2　高含硫裂缝性底水气藏的开发特征

2.2.1　水侵特征

高含硫裂缝性底水气藏的储层一般非均质性较强，裂缝发育复杂，有分布比较均匀的细微裂缝，也有裂缝开度较大的垂直裂缝，并且水体能量也不一样，因此表现出不同的水侵形式，主要包括水侵和水窜两种形式，又根据裂缝与气井在地层中的不同组合形式，具体分为以下四种形式，如图 2-3 所示。

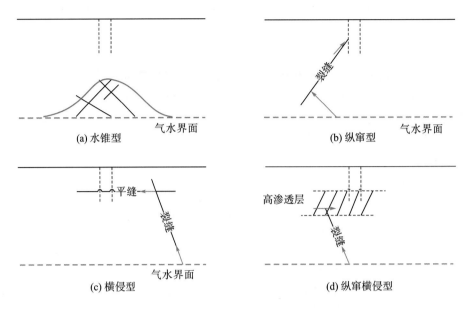

图 2-3　裂缝性底水气藏水侵模式示意图

水锥型［图 2-3(a)］：整个储层中不存在较大裂缝，而细小裂缝分布较为广泛，并且分布较为均匀。当压力波传到气、水界面之后，在压差的作用下底水沿着细微裂缝网络流动，流动较均匀，整体向上推进，在宏观上表现为水锥形式，在水平井筒下方形成"水脊"。这类气井产水量较小，且气水比上升较平缓，当调低气井产量后，水锥在重力的作用下可能减弱。

纵窜型［图 2-3(b)］：由于存在高角度大裂缝与井筒相连，当底水侵入较大裂缝之后，裂缝渗流阻力较小，底水沿着裂缝快速窜入井筒，气井气水比迅速上升，如果气井产量过小，大量底水进入井筒而没有被带出气井，气井可能被水淹而停产。在实际生产中，如果存在高角度大裂缝与井筒相连，应及时进行水侵分析，及时调整配产，避免水体大量进入气井。

横侵型［图 2-3(c)］：主要发生在边水气藏中，由于气藏中水平缝较发育，纵向裂缝较少，水体横向侵入气藏，并且气井距离高角度裂缝较远，地层水不易向上流动。

纵窜横侵型［图 2-3(d)］：水体首先沿着纵向高渗透率的大裂缝侵入高渗透带，然后沿着高渗透带横向进入井筒。该类气藏中不仅存在纵向发育的大裂缝，也存在广泛发育的横向裂缝，所以纵窜横侵模式的水侵对气藏开采影响最大。

水侵现象对高含硫底水气藏的危害：

(1)裂缝性气藏产水后，底水沿裂缝或高渗区窜入地层后，由于水相压力较大，分割了含气区，严重时可能封堵部分含气区形成死气区，最终使残余含气饱和度较高，气藏采出程度较低。

（2）当发生水侵时，裂缝中含水量上升，水体占据了部分渗流通道，气、水两相同时在裂缝中流动，随着含水饱和度的上升，气体渗流阻力逐渐增大，气体相对渗透率急剧下降。

（3）如果发生大面积水侵，气体不能及时将水带出，气井井底会形成积液，严重时可能造成停产，只有通过排水采气才能继续生产，增加了开采成本。

从图 2-4 可以看出（方建龙，2016），当气藏未开采时，气藏具有稳定统一的气、水界面，当气藏投入开采后，高渗透区域中气体优先流动，在高渗透带形成较大的压降，底水在压差的作用下沿裂缝窜入气层，高渗孔道或裂缝被水占据，部分含气区被封隔，形成几个独立的单元，开发难度增大，尤其是在没有布置气井的区块会形成"死气区"，天然气很难被开采出来。

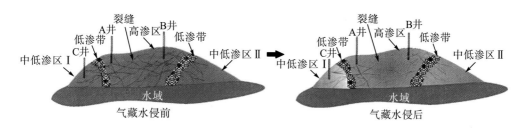

图 2-4　裂缝性底水气藏水侵危害示意图

2.2.2　裂缝渗流特征

高含硫裂缝性气藏具有基质岩块和裂缝网络双重结构。一般来说，裂缝网络孔隙度小于基质岩块孔隙度，而裂缝网络渗透率大于基质岩块渗透率，所以裂缝网络成了流体流动的主要通道，对气体在井筒中的流动有重要影响，而气藏中大部分气体都储存在基质岩块之中，对气体的储存有重要作用。裂缝网络与基质岩块形成了两个相互独立而又相互联系的水动力系统。除此之外，裂缝网络具有很大的压缩性，所以在开采气体的过程中，随着流体的开采，地层压力不断下降，裂缝会出现闭合的趋势。

开采裂缝性气藏时，流体在地层中的渗流包含三个主要阶段，如图 2-5 所示。

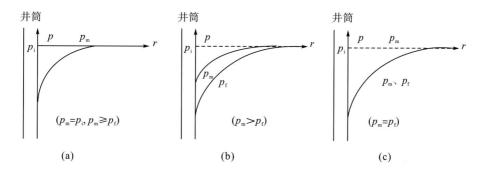

图 2-5　双重介质中气藏压力变化过程

第一阶段，裂缝中的气体流入井筒。在这一阶段中，基质压力 p_m 保持不变，基质岩块中的流体不流动，裂缝网络中的流体在地层压力与井底压力的差值下向井筒流动，裂缝网络压力 p_f 下降很少，p_m 与 p_f 的差值很小，基质与裂缝网络之间没有流体交换，这一阶段产出的气体主要来自裂缝网络。

第二阶段是过渡阶段。当基质与裂缝之间的压差 $p_m - p_f$ 足够大时，基质中的流体会向裂缝网络流动。基质岩块中流体压力 p_m 与裂缝网络中的压力 p_f 同时都会降低。这一阶段压力变化呈现非均质特性。

第三阶段为动态平衡阶段。裂缝网络压力与基质岩块压力处于动态平衡阶段，流体从基质岩块流向裂缝网络，然后再由裂缝网络流向井筒，p_m 与 p_f 同时降低。

2.2.3　应力敏感特征

通过对储层应力敏感的大量调研(高旺来和何顺利，2008；刘晓旭等，2006)发现，裂缝性气藏在投入开发之前，裂缝之间存在充填物并且裂缝处于张开状态，裂缝具有一定的裂缝宽度和裂缝长度。气藏投入开发以后，地层压力下降，使得岩石发生结构变形，导致裂缝渗透率迅速下降。对高含硫裂缝性气藏来说，原始地层压力较大，裂缝渗透能力变化范围更大，表现出更强烈的应力敏感效应。并且对于裂缝性气藏来说，裂缝是主要的渗流通道，裂缝应力敏感效应要强于基质岩块的应力敏感效应，所以裂缝应力敏感效应对气藏开采有较大影响。

国内外学者对岩石应力敏感效应做了大量研究，概括了地层压力与应力敏感效应的 3 种主要关系：多项式形式、幂函数形式和指数形式。其中运用较多的为指数式关系，表达式为

$$K = K_0 \exp\left(-\alpha_k \sigma_{eff}\right) \tag{2-4}$$

式中，α_k——应力敏感系数，MPa^{-1}；

σ_{eff}——岩石的有效应力，MPa；

K_0——初始渗透率，mD；

K——储层渗透率，mD。

有效应力有不同的表达形式(张李，2007)，使用较广泛的为 Terzaghi 有效应力(李传亮，2005)，即

$$\sigma_{eff} = p_i - p \tag{2-5}$$

式中，p_i——原始地层压力，MPa；

p——目前的地层压力，MPa。

将式(2-5)代入式(2-4)，可以得到储层渗透率与地层压力的关系为

$$K = K_0 \exp\left[-\alpha_k\left(p_i - p\right)\right] \tag{2-6}$$

从图 2-6 可以看出，在裂缝性底水气藏中，渗透率与有效应力的关系主要表现为以下特征：

(1)随着有效上覆应力增加，储层渗透率减小；

（2）有效上覆应力小于 30 MPa 时，岩石的渗透率下降幅度较大，主要是由岩石本体变形造成的。当岩石变形到一定程度时，渗透率变化较小，主要是岩石的结构变形造成的。

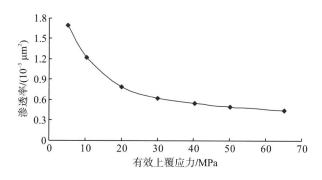

图 2-6　渗透率与有效上覆应力的关系曲线

2.2.4　高含硫裂缝气藏水侵影响因素

高含硫裂缝性气藏水侵主要受到两方面因素的影响：一是储层因素，即水体大小、裂缝网络参数、基质岩块参数、底水距离水平井筒的高度、井筒与裂缝之间的距离等；二是生产因素，包括气井产量大小、生产压差、水平井段长度等。

（1）水体大小对水平井水侵的影响。底水气藏水体越大，底水能量越充足，当气藏压降传到气、水界面以后，水体压降变化越慢，侵入气藏的水量也越多，生产气水比上升速度也越快，气井产水量也会越大。如果水体倍数越小，水体压降变化会越快，侵入气藏的水量会越小，无水采气区会更长，但气藏没有能量补充，衰竭开采效率会越低。所以说底水侵入气藏既是对气藏的一种能量补充，但也会降低气相相对渗透率，降低气藏稳产时间。

（2）裂缝特征对水平井水侵的影响。裂缝是底水侵入气藏的主要通道，不同的裂缝特征会形成不同的水侵形式，裂缝特征包括裂缝长度、裂缝开度、裂缝密度、裂缝倾角等。一般来说，高角度裂缝比低角度裂缝更容易发生水侵，储层含有较多高角度裂缝的气井见水时间就会越早。裂缝密度的大小对底水气藏水侵也会产生较大影响，裂缝密度越大，侵入气层的水量越多，气水比上升会越快。裂缝到底水的距离越短，地层水就能更早地进入高渗的裂缝并沿之窜入气井，此时无水采气期短，生产气水比上升速度快，最终导致采收率越低。

（3）裂缝与基质渗透率比值对水平井水侵的影响。裂缝与基质渗透率比值越大，底水越容易通过裂缝窜入井底，气井越早见水，气相渗透能力越差，部分地层会被水体分割，导致开采效果较差，严重时会在井底形成积液，导致气井停产。

（4）产量大小对水平井水侵的影响。在开采裂缝性底水气藏时，气井产气量越大，气体流速越快，压降也就越大，水相在裂缝中窜流的速度也就越快，气井见水时间也会提前。一旦水平井见水，产量会急剧下降，导致稳产时间减少，无水采收率降低。对于高含硫气井，如果产量过低，气流速度变慢，沉积的元素硫不能被带走会造成堵塞，同时产量较低不利于成本回收，所以确定合理的产量对开采高含硫底水气藏十分必要。

第3章 高含硫有水气藏流体物性特征

高含硫气藏中含有大量的水体,这些水体在高温、高压下形成水蒸气,而这些水蒸气与气藏中的酸性气体混合,使得气藏含水。由于高含硫气藏中 CO_2 和 H_2S 的含量高,特别是当气藏中含有水时,形成水合物,会对气藏流体的物性产生影响,因此,需要对含水的高含硫气藏流体物性进行研究。本章主要是通过实验来研究含水酸性气体的物性,在前人研究成果的基础上给出含水酸性气体的黏度模型,为高含硫气藏数值模拟研究提供参数,是气藏精细描述的主要内容。

3.1 实 验 方 法

用大容量配样器进行本次实验测试。首先,按照普光气田各气体的摩尔含量配置相应的干气实验样品,放置在配样器皿中,按实验要求设置温度与压力,再向器皿中注入地层水的水蒸气,使器皿中的气样充分饱和水蒸气。静置一段时间后,对器皿中的混合样品闪蒸分离,测量闪蒸后的气体中的含水量,其计算公式为

$$y_w = 3.456 \frac{T_s V_w}{p_s (V_s - V_w)} + y_{w1} \tag{3-1}$$

式中, y_w ——混合气体中的含水量, $m^3 \cdot (10^3 m^3)^{-1}$;

p_s ——实验室条件下的压力,MPa;

T_s ——实验室条件下的温度,K;

V_w ——实验室条件下的液态水体积,mL;

V_s ——实验室条件下的气体体积,mL;

y_{w1} ——二次分离后混合气体中的含水量, $m^3 \cdot (10^3 m^3)^{-1}$。

3.2 实 验 装 置

抗硫化氢异常高压 PVT 仪被广泛使用在对石油天然气地层流体的高压物性研究上,见图 3-1。抗硫化氢异常高压 PVT 仪由可视 PVT 分析仪、配样装置、气量计、毛细管黏度计、水分析仪计等构成。该仪器的最高工作压力、温度分别为 150MPa、200℃,计量精度分别为 0.01MPa、0.1℃。实验流程见图 3-2。

图 3-1 高含硫相态实验测定 PVT 相态仪

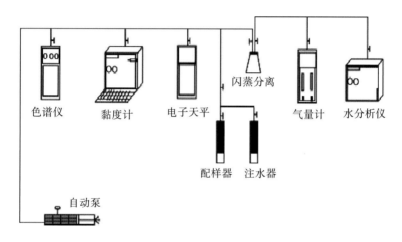

图 3-2 实验测试流程

3.3 实 验 步 骤

本次实验主要分两次进行：未含水实验与含水实验。

1)未含水实验测试方法

(1)配样器皿的清洗与试压、试温。

(2)按照图 3-2 连接各装置，试气检查气密性。

(3)配置无水酸性混合气体，直接将样品注入 PVT 筒中。

(4)在实验条件下将样品静置 4h 以上。

(5)测试不同条件下混合气样的黏度、偏差因子。

(6)将实验后的剩余气体及排出气体与 NaOH 水溶液中和后排入大气。

2)含水实验测试方法

(1)配样器皿的清洗与试压、试温。

(2)按照图 3-2 连接各装置，试气检查气密性。

(3)配置无水酸性混合气体，直接将样品注入 PVT 筒中，然后用配置的地层水与酸性气样充分混合，使之达到平衡饱和状态。

(4)在实验条件下将样品静置 48h 以上。

(5)测试不同条件下混合气样的黏度、偏差因子。

(6)使用天然气水分测试仪测量 PVT 筒中的混合气体闪蒸分离后的气体中的含水量。

(7)将实验后的剩余气体及排出气体与 NaOH 水溶液中和后排入大气。

3.4 实 验 样 品

实验所用的流体为在实验室内根据普光气田某区块气藏气油比配制的无水酸性气样及地层水样。实验无水气样组分摩尔参数见表 3-1，水样参数见表 3-2。

表 3-1 实验样品成分

组分	摩尔含量/%
CO_2	1.89
H_2S	9.56
C_1	55.15
C_2	11.33
C_3	6.73
iC_4	1.39
nC_4	3.81
iC_5	1.39
nC_5	1.37
C_6	4.19
C_{7+}	3.19

表 3-2 水样成分表

地层水离子含量/$(mg \cdot L^{-1})$						总矿化度 /$(mg \cdot L^{-1})$	水型	pH	地层水密度 /$(g \cdot cm^{-3})$
阳离子			阴离子						
$Na^+ + K^+$	Ca^{2+}	Mg^{2+}	Cl^-	SO_4^{2-}	HCO_3^{2-}				
18508	3892	963	37421	41	1324	62149	$CaCl_2$	7.58	1.078

3.5　实验结果分析

3.5.1　含水量分析

分别在 55℃、105℃、155℃ 和不同压力条件下，对饱和后的气样进行含水量分析，其结果见表 3-3、图 3-3。

表 3-3　不同温度、压力下的含水量

压力/MPa	含水量/($kg \cdot m^{-3}$)		
	55℃	105℃	155℃
13.71	0.06863	0.07916	0.08991
18.71	0.05030	0.05803	0.06594
23.71	0.03971	0.04582	0.05207
28.71	0.03280	0.03785	0.04304
33.71	0.02795	0.03226	0.03669
38.71	0.02434	0.02810	0.03198
43.71	0.02157	0.02490	0.02834
48.71	0.01936	0.02236	0.02545
53.71	0.01756	0.02029	0.02310
58.71	0.01607	0.01857	0.02115
63.71	0.01482	0.01712	0.01951
68.71	0.01374	0.01588	0.01810

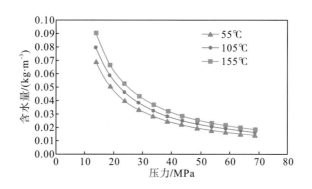

图 3-3　三种不同温度下的酸性气体含水量随压力变化的曲线

从图 3-3 可以看出：压力一定时，温度越低，酸性气体中的含水量越小；温度一定时，酸性气体中含水量随压力的减小而增大。另外，从图 3-3 中可以看出，温度一定时，酸性气体中含水量变化量在低压区比高压区更明显；当压力高于 55MPa 后，酸性气体中的含

水量约为 $0.02kg \cdot m^{-3}$，压力继续升高，其含水量基本保持不变，表明该酸性气藏在高压条件下处于绝对含水饱和状态，形成的水合物也是处于绝对饱和状态。

3.5.2 P-T 相图分析

分别对未含水气样和含水气样实验前后的 P-T 数据进行 P-T 相态模拟，其结果如图 3-4 所示。

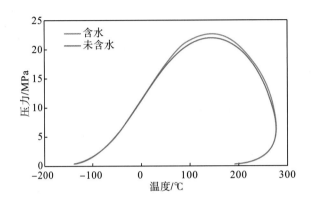

图 3-4 未含水与含水的酸性气体 P-T 相图对比

从图 3-4 可以看出：温度在 0～200℃范围，未含水酸性气体与含水酸性气体相态图有较大的差异，特别是在 130℃附近，含水酸性气体与未含水酸性气体露点压力相差高达 3MPa，表明在这个温度范围内地层水蒸气直接影响着酸性气体相态平衡。油气从高温、高压的地层流向较低温度、压力的井筒，再流向更低压力、温度的分离器，最终达到常温、常压的地面，整个过程中压力、温度均变化很大，酸性气体中析出液滴，影响地层渗透率及腐蚀油管等设施，影响气体的采出。

3.5.3 黏度分析

测量的不同温度、压力下的酸性气体黏度如表 3-4 所示。

表 3-4 不同温度、压力下的黏度

压力/MPa	黏度/(mPa·s)					
	55℃，未含水	55℃，含水	105℃，未含水	105℃，含水	155℃，未含水	155℃，含水
13.71	0.0211	0.0102	0.0235	0.0127	0.0260	0.0151
18.71	0.0223	0.0149	0.0246	0.0172	0.0271	0.0193
23.71	0.0236	0.0185	0.0259	0.0206	0.0282	0.0225
28.71	0.0250	0.0215	0.0272	0.0234	0.0294	0.0251
33.71	0.0264	0.0239	0.0285	0.0257	0.0306	0.0273

续表

压力/MPa	黏度/(mPa·s)					
	55℃，未含水	55℃，含水	105℃，未含水	105℃，含水	155℃，未含水	155℃，含水
38.71	0.0278	0.0260	0.0298	0.0277	0.0317	0.0292
43.71	0.0292	0.0279	0.0310	0.0295	0.0329	0.0308
48.71	0.0305	0.0294	0.0323	0.0309	0.0341	0.0324
53.71	0.0318	0.0308	0.0335	0.0322	0.0352	0.0337
58.71	0.0331	0.0321	0.0347	0.0335	0.0363	0.0349
63.71	0.0343	0.0334	0.0358	0.0347	0.0373	0.0360
68.71	0.0355	0.0346	0.0369	0.0359	0.0383	0.0371

从图 3-5 中可以看出，三种不同温度下的未含水酸性气体的黏度与压力呈线性关系，说明含水影响酸性气体的黏度。从图 3-6 中可以看出，105℃下，含水酸性气体黏度的减小幅度比未含水的大，说明随着普光酸性气田的开采，开采后期含水气藏比未含水气藏流动性更好，更易于开采。因为含水可能改变 H_2S、CH_{n+} 气体中的氢键间距，造成分子间作用力减小，使得气体黏度减小。

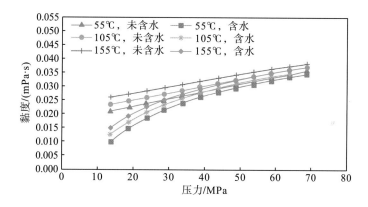

图 3-5　不同温度下是否含水对酸性气体黏度的影响

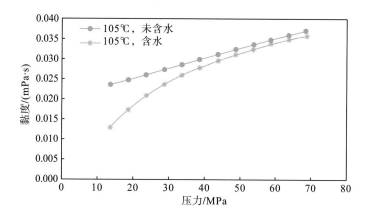

图 3-6　105℃下是否含水对酸性气体黏度的影响

3.5.4 偏差因子分析

测量的不同温度、压力下的酸性气体偏差因子如表 3-5 所示。

表 3-5 不同温度、压力下的偏差因子

压力/MPa	偏差因子					
	55℃，含水	55℃，未含水	105℃，含水	105℃，未含水	155℃，含水	155℃，未含水
13.71	0.7444	0.7649	0.8095	0.8332	0.8659	0.8667
18.71	0.7845	0.8045	0.8447	0.8681	0.8990	0.8980
23.71	0.8268	0.8462	0.8814	0.9044	0.9333	0.9304
28.71	0.8714	0.8900	0.9196	0.9422	0.9690	0.9641
33.71	0.9183	0.9361	0.9595	0.9817	1.0060	0.9989
38.71	0.9678	0.9846	1.0012	1.0228	1.0445	1.0350
43.71	1.0200	1.0356	1.0447	1.0656	1.0844	1.0724
48.71	1.0710	1.0874	1.0900	1.1078	1.1274	1.1109
53.71	1.1322	1.1466	1.1385	1.1545	1.1713	1.1512
58.71	1.1944	1.2073	1.1887	1.2031	1.2167	1.1930
63.71	1.2572	1.2688	1.2400	1.2531	1.2632	1.2362
68.71	1.3203	1.3308	1.2921	1.3041	1.3107	1.2802

从图 3-7 与图 3-8 可得出，含水对酸性气体偏差因子的影响很小。当温度一定时，压力越低，酸性气体偏差因子受含水的影响越大；当压力一定时，温度越高，含水对酸性气体偏差因子的影响越大。原因是在低压、高温下，酸性气体中的含水量高于高压、低温下的酸性气体含水量；当压力下降时，低压、高温下的酸性气体生成的水合物含量增多，从而造成酸性气体的偏差因子稍微增大。

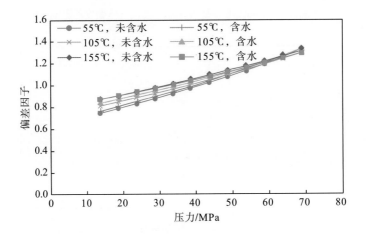

图 3-7 不同温度下含水对偏差因子的影响

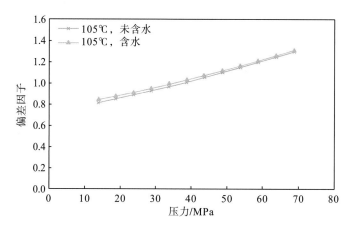

图 3-8　105℃下是否含水对偏差因子的影响

3.6　含水酸性气体黏度预测模型

首先，考虑含水酸性气体摩尔数的影响，通过酸性气体含水计算公式计算酸性气体含水量，结合物质与组分之间的关系修正酸性气体中各组分的摩尔含量，将新组分代入酸性模型，即可得到考虑含水的酸性模型。

3.6.1　非酸性气体含水量计算

Sloan（1998）于 1998 年对大量天然气样品进行了实验分析。他们在 233.15～323.15K、1.4～13.8MPa 条件下，进行了天然气含水量测定实验，利用测定的数据得到了如下相关经验公式：

$$W_{\mathrm{H_2O,\,sweet}} = 16.02 \times \exp\left[C_1 + C_2 \ln P + \frac{C_3 + C_4 \ln P}{T} + \frac{C_5}{T^2} + C_6(\ln P)^2\right] \tag{3-2}$$

其中，$C_1 = 21.59610805$；$C_2 = -1.280044975$；$C_3 = -4808.426205$；

$C_4 = 113.0735222$；$C_5 = -40377.6358$；$C_6 = 3.8508508 \times 10^{-2}$。

式中，$W_{\mathrm{H_2O,\,sweet}}$——低含硫天然气中水的含量，$\mathrm{mg \cdot Sm^{-3}}$；

　　　p——压力，MPa；

　　　T——温度，K。

Khaled（2007）于 2007 年对 McKetta–Wehe、Campbell 和 Katz 图进行了数据分析，提出了适用于 310.93～444.26K、1.38～68.95MPa 条件下的含水量计算经验公式：

$$W_{\mathrm{H_2O,\,sweet}} = 16.02\left(\frac{\sum\limits_{i=1}^{5}\left(a_i \times T^{i-1}\right)}{P} + \sum\limits_{i=1}^{5}\left(b_i \times T^{i-1}\right)\right) \tag{3-3}$$

其中，$a_1 = 706652.14$；$a_2 = 8915.814$；$a_3 = 42.607133$；$a_4 = -0.0915312$；$a_5 = 7.46945 \times 10^{-5}$；

$b_1 = 2893.11193$；$b_2 = -41.86941$；$b_3 = 0.229899$；$b_4 = -5.58959 \times 10^{-4}$；$b_5 = 5.36847 \times 10^{-7}$。

3.6.2 含水酸性气体含水量计算

Khaled 于 2007 年对 Robinson 模型的组分进行了修正，得出以下经验公式：

$$W_{H_2O, \, sour} = F \times W_{H_2O, \, sweet} \tag{3-4}$$

$$y_{H_2S}^{equi} = y_{H_2S} + 0.75 y_{CO_2} \tag{3-5}$$

$$\sqrt{R_{equi}} = 1 \Big/ \left(a_0 + \sqrt{T} \left(a_1 + \frac{a_2}{\sqrt{y_{H_2S}^{equi}}} \right) \right) \tag{3-6}$$

其中，$a_0 = -4.095 \times 10^{-2}$；$a_1 = -1.82865639 \times 10^{-3}$；$a_2 = 1.93733 \times 10^{-1}$。

(1) 当 $p <$ 10.34MPa 时，$F = f\left(y_{H_2S}^{equi}, T, p\right)$ 的函数表达式为

$$F = \ln \left(\frac{1}{b_0 + R_{equi}(b_1 + b_2 p)} \right) \tag{3-7}$$

式中，$b_0 = 3.59 \times 10^{-1}$；$b_1 = 7.46 \times 10^{-4}$；$b_2 = -4.7282 \times 10^{-4}$。

(2) 当 10.34Mpa $\leqslant p <$ 20.68MPa 时，$F = f\left(y_{H_2S}^{equi}, T, p\right)$ 的函数表达式为

$$F = \exp \left[b_0 + R_{equi} \left(b_1 + b_2 \sqrt{p} \right) \right] \tag{3-8}$$

其中，$b_0 = 5.16 \times 10^{-2}$；$b_1 = -2.84 \times 10^{-2}$；$b_2 = 1.25249 \times 10^{-2}$。

(3) 当 $p \geqslant$ 20.68MPa 时，$F = f\left(y_{H_2S}^{equi}, T, p\right)$ 的函数表达式为

$$F = \left[b_0 + R_{equi} \left(b_1 + \frac{b_2}{\sqrt{p}} \right) \right]^2 \tag{3-9}$$

其中，$b_0 = 1.04$；$b_1 = 5.48 \times 10^{-2}$；$b_2 = -23.6857$。

式 (3-5) ~ 式 (3-9) 中，y_{CO_2}——气体中的 CO_2 摩尔分数，小数；

$\qquad y_{H_2S}$——气体中的 H_2S 摩尔分数，小数；

$\qquad y_{H_2S}^{equi}$——相平衡计算中的 H_2S 摩尔分数，小数；

$\qquad R_{equi}$——相平衡计算中的通用气体常数，小数。

根据 $p_{sc} V_{sc} / T_{sc} = pV / T$ 与质量守恒 $V_{sc} W_{H_2O, \, sour} = V W_{H_2O, \, sour}^*$ 得

$$W_{H_2O, \, sour}^* = \frac{p T_{sc}}{p_{sc} T} W_{H_2O, \, sour} \tag{3-10}$$

式中，$W_{H_2O, \, sour}^*$、$W_{H_2O, \, sour}$——非标况下、标况下（$p_{sc} = 0.1010 \text{MPa}, T_{sc} = 288.6 \text{K}$）的酸性气体水蒸气含量，$\text{kg} \cdot \text{kmol}^{-1}$。

3.6.3　含水酸性气体组分计算与修正

由物质量与组分之间的关系式得

$$y_{\mathrm{w}} = \left(W^*_{\mathrm{H_2O,\,sour}}\big/M_{\mathrm{w}}\right)\big/n^*_{\mathrm{g}} \tag{3-11}$$

$$n_{\mathrm{g}} = 1/V_{\mathrm{sc}} \tag{3-12}$$

$$n^*_{\mathrm{g}} = 1/V \tag{3-13}$$

由 $p_{\mathrm{sc}}V_{\mathrm{sc}}/T_{\mathrm{sc}} = pV/T$ 得

$$n^*_{\mathrm{g}} = n_{\mathrm{g}}\frac{pT_{\mathrm{sc}}}{p_{\mathrm{sc}}T} = \frac{pT_{\mathrm{sc}}}{p_{\mathrm{sc}}TV_{\mathrm{sc}}} \tag{3-14}$$

修正气体中各摩尔组分的摩尔分数：

$$(y_i)_{\mathrm{c}} = (1 - y_{\mathrm{w}})(y_i)_{\mathrm{lab}} \tag{3-15}$$

式(3-11)～式(3-15)中，n^*_{g}、n_{g} ——非标况下（p,T）、标况下（$p_{\mathrm{sc}} = 0.1010\mathrm{MPa}$，$T_{\mathrm{sc}} = 288.6\mathrm{K}$）

的酸性气体的组分摩尔数，$\mathrm{kmol\cdot m^{-3}}$；

$(y_i)_{\mathrm{c}}$、$(y_i)_{\mathrm{lab}}$ ——修正后的气体各组分的摩尔数与实验室条件下测定的气体各

组分的摩尔数，小数；

y_{w} ——酸性气体中的水摩尔分数，小数；

M_{w} ——纯水的摩尔质量，$\mathrm{kg\cdot m^{-3}}$。

3.6.4　酸性气体黏度计算方法

1.黏度计算模型

1）状态方程法

状态方程法是基于 p-V-T 和 T-μ-p 图形的相似性，结合立方型状态方程而建立的预测酸性气体黏度的解析模型。该方法由 Little 和 Kennedy（1968）首次建立了基于范德华状态方程的计算烃类气、液相黏度的统一模型。此后，王利生和郭天民（1992）基于三参数 Patel-Teja 状态方程，分别建立了各自对应的黏度模型，并成功地应用到油气藏流体黏度的计算中。随后，郭绪强等（2000）基于 PR 状态方程，建立了能同时预测气、液相黏度的统一模型。

基于 PR 状态方程的黏度模型为

$$T = \frac{r'_{\mathrm{m}}p}{\mu_{\mathrm{m}} - b'_{\mathrm{m}}} - \frac{a_{\mathrm{m}}}{\mu_{\mathrm{m}}(\mu_{\mathrm{m}} + b_{\mathrm{m}}) + b_{\mathrm{m}}(\mu_{\mathrm{m}} - b_{\mathrm{m}})} \tag{3-16}$$

式中，下标 m 代表该参数在混合物状态下计算。

式(3-16)中，a_{m}、b_{m}、b'_{m}、r'_{m} 分别采用式(3-17)～式(3-20)计算：

$$a_{\mathrm{m}} = \sum_i x_i a_i \tag{3-17}$$

$$b_{\mathrm{m}} = \sum_i x_i b_i \tag{3-18}$$

$$b_{\mathrm{m}}' = \sum_i \sum_j x_i x_j \sqrt{b_i' b_j'} (1 - k_{ij}) \tag{3-19}$$

$$r_{\mathrm{m}}' = \sum_i x_i r' \tag{3-20}$$

纯组分中，中间变量 r'、b' 根据式(3-21)进行计算：

$$\begin{cases} r' = r_{\mathrm{c}} \tau(T_{\mathrm{r}}, p_{\mathrm{r}}) \\ b' = b\varphi(T_{\mathrm{r}}, p_{\mathrm{r}}) \end{cases} \tag{3-21}$$

式中，$r_{\mathrm{c}} = \dfrac{\mu_{\mathrm{c}} T_{\mathrm{c}}}{P_{\mathrm{c}} Z_{\mathrm{c}}}$，其中 $\mu_{\mathrm{c}} = 7.7 T_{\mathrm{c}}^{-1/6} M^{0.5} p_{\mathrm{c}}^{2/3}$。

纯组分中引力系数 a 和斥力系数 b 可由临界性质计算：

$$\begin{cases} a = 0.45724 \dfrac{r_{\mathrm{c}}^2 p_{\mathrm{c}}^2}{T_{\mathrm{c}}} \\ b = 0.0778 \dfrac{r_{\mathrm{c}} p_{\mathrm{c}}}{T_{\mathrm{c}}} \end{cases} \tag{3-22}$$

而 $\tau(T_{\mathrm{r}}, p_{\mathrm{r}})$、$\varphi(T_{\mathrm{r}}, p_{\mathrm{r}})$ 通过式(3-23)和式(3-24)进行计算：

$$\tau(T_{\mathrm{r}}, p_{\mathrm{r}}) = [1 + Q_1(\sqrt{T_{\mathrm{r}} p_{\mathrm{r}}} - 1)]^{-2} \tag{3-23}$$

$$\varphi(T_{\mathrm{r}}, p_{\mathrm{r}}) = \exp[Q_2(\sqrt{T_{\mathrm{r}}} - 1)] + Q_3(\sqrt{p_{\mathrm{r}}} - 1)^2 \tag{3-24}$$

式(3-23)和式(3-24)中的参数 $Q_1 \sim Q_3$ 已普遍化为偏心因子 ω 的关联式。

对于 $\omega < 0.3$ 有

$$\begin{cases} Q_1 = 0.829599 + 0.350857\omega - 0.74768\omega^2 \\ Q_2 = 1.94546 - 3.19777\omega + 2.80193\omega^2 \\ Q_3 = 0.299757 + 2.20855\omega - 6.64959\omega^2 \end{cases} \tag{3-25}$$

对于 $\omega \geqslant 0.3$ 有

$$\begin{cases} Q_1 = 0.956763 + 0.192829\omega - 0.303189\omega^2 \\ Q_2 = -0.258789 - 37.1071\omega + 20.551\omega^2 \\ Q_3 = 5.16307 - 12.8207\omega + 11.0109\omega^2 \end{cases} \tag{3-26}$$

对含 μ 的多项式用解析法求解时，在对应的温度和压力下，酸性气体黏度为大于 b 的最小实根。

式(3-16)～式(3-26)中，μ——气体黏度，$10^{-4}\mathrm{mPa \cdot s}$；

　　　　　p——压力，$0.1\mathrm{MPa}$；

　　　　　T——温度，K；

　　　　　a、b——对应状态方程中的引力系数和斥力系数；

　　　　　r_{c}——临界性质的关联参数；

　　　　　k_{ij}——平衡常数；

　　　　　M——摩尔质量，$\mathrm{g \cdot mol^{-1}}$；

ω——偏心因子；

b'、r'、τ、$Q_1 \sim Q_3$——中间变量，无特殊物理含义；

T_r、p_r——分别表示对比温度和对比压力；

T_c、p_c——分别表示临界温度和临界压力，K 和 MPa；

i、j——组分代号。

2) 图版法和经验公式法

图版法普遍选用 Carr、Kobayshi 和 Burrows 发表的图版，该图版考虑了非烃气体存在对气体黏度的影响，采用非烃校正图版对混合气体黏度进行校正，其非烃气体黏度校正值，可以根据天然气相对密度和非烃气体体积百分数从相应的插图中查出。

采用图版法时必须首先根据已知的温度 T、分子量 M_g 或相对密度，在图版中查得大气压力下的气体黏度，然后根据所给状态算出对比参数，即对比压力和对比温度，再从图版中查得黏度比值，就可以得到图版法黏度值。

经验公式法是建立在常规气体黏度的经验预测方法基础上，通过拟合实验图版，对常规气体黏度进行校正后得到的。常规气体黏度的经验预测方法中，主要有 Lee-Gonzalez (LG) 法、Lohrenz-Bray-Clark (LBC) 法和 Dempsey (D) 法。由于酸性气体中 H_2S 和 CO_2 等非烃气体组分的影响，酸性气体的黏度往往比常规气体的黏度要高，因此在常规气体黏度的经验预测方法基础上，需要对酸性气体的黏度进行非烃校正。

（1）Lee-Gonzalez 法（LG 法）

Lee 和 Gonzalez 等对四个石油公司提供的 8 个天然气样品，在温度 37.8～171.2℃ 和压力 0.1013～55.158MPa 条件下，进行黏度和密度的实验测定，利用测定的数据得到了如下的相关经验公式：

$$\mu_g = 10^{-4} K \exp(X \rho_g^Y) \tag{3-27}$$

$$K = \frac{2.6832 \times 10^{-2}(470 + M_g)T^{1.5}}{116.1111 + 10.5556 M_g + T} \tag{3-28}$$

$$X = 0.01\left(350 + \frac{54777.78}{T} + M_g\right) \tag{3-29}$$

$$Y = 0.2(12 - X) \tag{3-30}$$

$$\rho_g = \frac{10^{-3} M_{air} \gamma_g p}{ZRT} \tag{3-31}$$

式 (3-27)～式 (3-31) 中，μ_g——地层天然气的黏度，mPa·s；

ρ_g——地层天然气的密度，g·cm^{-3}；

M_g——天然气的分子量，kg·kmol^{-1}；

M_{air}——空气的分子量，kg·kmol^{-1}；

T——地层温度，K；

p——压力，MPa；

Z——偏差系数；

γ_g——天然气的相对密度（$\gamma_{空气}=1$）；

X、Y、K——计算参数；

R——气体常数，$MPa \cdot m^3 \cdot kmol^{-1} \cdot K^{-1}$。

（2）Lohrenz-Bray-Clark 法（LBC 法）

Lohrenz 等在 1964 年提出如下公式计算高压气体黏度：

$$[(\mu - \mu_{g1})\xi + 10^{-4}]^{1/4} = a_1 + a_2\rho_r + a_3\rho_r^2 + a_4\rho_r^3 + a_5\rho_r^4 \tag{3-32}$$

式中，$a_1 = 0.1023$；$a_2 = 0.023364$；$a_3 = 0.058533$；$a_4 = -0.040758$；

μ_{g1}——气体在低压下的黏度，$mPa \cdot s$；

ρ_r——对比密度，$\rho_r = \dfrac{\rho}{\rho_c}$，其中 $\rho_c = (V_c)^{-1} = \left[\displaystyle\sum_{\substack{i=1 \\ i \neq C_{7+}}}^{N} z_i V_{ci} + z_{C_{7+}} V_{c_{C_{7+}}}\right]^{-1}$，$V_{c_{C_{7+}}}$ 可由下式

确定：

$$V_{c_{C_{7+}}} = 21.573 + 0.015122 MW_{C_{7+}} - 27.656 SG_{C_{7+}} + 0.070615 MW_{C_{7+}} SG_{C_{7+}} \tag{3-33}$$

ξ——按照下式计算：

$$\xi = \left(\sum_{i=1}^{N} T_{ci} z_i\right)^{\frac{1}{6}} \left(\sum_{i=1}^{N} MW_i z_i\right)^{-\frac{1}{2}} \left(\sum_{i=1}^{N} p_{ci} z_i\right)^{-\frac{2}{3}} \tag{3-34}$$

对于气体在低压下的黏度，可用 Herning 和 Zipperer 混合定律确定：

$$\mu_{g1} = \frac{\displaystyle\sum_{i=1}^{n} \mu_{gi} Y_i M_i^{0.5}}{\displaystyle\sum_{i=1}^{n} Y_i M_i^{0.5}} \tag{3-35}$$

式中，M_i——气体中 i 组分的分子量；

Y_i——混合气体中 i 组分的摩尔分数。

式（3-35）中，μ_{gi} 为 1 个大气压和给定温度下单组分气体的黏度，其关系可由 Stiel & Thodos 式确定：

$$\mu_{gi} = 34 \times 10^{-5} \frac{1}{\xi_i} T_{ri}^{0.94}, \quad T_{ri} < 1.5 \tag{3-36}$$

$$\mu_{gi} = 17.78 \times 10^{-5} \frac{1}{\xi_i} (4.58 T_{ri} - 1.67)^{\frac{5}{8}}, \quad T_{ri} \geqslant 1.5 \tag{3-37}$$

（3）Dempsey 法（D 法）

Dempsey 对 Carr 等的图进行拟合，得到：

$$\ln\left(\frac{\mu_g T_r}{\mu_1}\right) = A_0 + A_1 p_r + A_2 p_r^2 + A_3 p_r^3 + T_r(A_4 + A_5 p_r + A_6 p_r^2 + A_7 p_r^3)$$
$$+ T_r^2(A_8 + A_9 p_r + A_{10} p_r^2 + A_{11} p_r^3) + T_r^3(A_{12} + A_{13} p + A_{14} p_r^2 + A_{15} p_r^3) \tag{3-38}$$

$$\mu_1 = (1.709 \times 10^{-5} - 2.062 \times 10^{-6} \gamma_g)(1.8T + 32) + 8.188 \times 10^{-3} - 6.15 \times 10^{-3} \log \gamma_g \tag{3-39}$$

式中，$A_0 = -2.462\,118\,2$；$A_1 = 2.970\,547\,14$；$A_2 = -0.286\,264\,054$；$A_3 = 0.008\,054\,205\,22$；

$A_4 = 2.808\,609\,49$；$A_5 = -3.498\,033\,05$；$A_6 = 0.360\,373\,02$；$A_7 = -0.010\,443\,241\,3$；

$A_8=-0.793\,385\,684$；$A_9=1.396\,433\,06$；$A_{10}=-0.149\,144\,925$；$A_{11}=0.004\,410\,155\,12$；

$A_{12}=0.083\,938\,717\,8$；$A_{13}=-0.186\,408\,846$；$A_{14}=0.020\,336\,788\,1$；

$A_{15}=-0.000\,609\,579\,263$；

μ_1——在 1 个大气压和给定温度下单组分气体的黏度，mPa·s。

3) 对应状态原理法

计算气体黏度的对应状态原理是 Pedersen 等在 1984 年提出来的。在对应状态基础上，将气体黏度表示成对比温度和对比密度的函数。通过对应状态原理，可以建立计算酸性气体黏度的通用方法。

2.黏度非烃校正模型

与常规气藏流体相比，酸气的黏度要偏大。因此，在使用经验公式计算酸性气体黏度时，还应该进行非烃校正。

1) 杨继盛校正(YJS 校正)

杨继盛提出的非烃校正主要是对 Lee-Gonzalez 经验公式中的式(3-27)进行校正。

$$K' = K + K_{H_2S} + K_{CO_2} + K_{N_2} \tag{3-40}$$

式中，K'——校正后的经验系数；

K——经验系数；

K_{H_2S}、K_{CO_2} 和 K_{N_2}——当天然气中有 H_2S、CO_2 和 N_2 存在时所引起的附加黏度校正系数。

对于 $0.6<\gamma_g<1$ 的天然气：

$$K_{H_2S} = Y_{H_2S}(0.000057\gamma_g - 0.000017)\times10^4 \tag{3-41}$$

$$K_{CO_2} = Y_{CO_2}(0.000050\gamma_g + 0.000017)\times10^4 \tag{3-42}$$

$$K_{N_2} = Y_{N_2}(0.00005\gamma_g + 0.000047)\times10^4 \tag{3-43}$$

对于 $1<\gamma_g<1.5$ 的天然气：

$$K_{H_2S} = Y_{H_2S}(0.000029\gamma_g + 0.0000107)\times10^4 \tag{3-44}$$

$$K_{CO_2} = Y_{CO_2}(0.000024\gamma_g + 0.000043)\times10^4 \tag{3-45}$$

$$K_{N_2} = Y_{N_2}(0.000023\gamma_g + 0.000074)\times10^4 \tag{3-46}$$

式中，Y_{H_2S}、Y_{CO_2} 和 Y_{N_2}——天然气中 H_2S、CO_2 和 N_2 的体积百分数。

因此，将 Lee-Gonzalez 法(LG 法)经验公式校正为

$$\mu_g = 10^{-4} K' \exp\left(X\rho_g^Y\right) \tag{3-47}$$

式中，μ_g——地层天然气的黏度，mPa·s；

ρ_g——地层天然气的密度，g·cm^{-3}；

X、Y——计算参数。

2）Standing 校正

Standing 提出的校正公式为

$$\mu_1' = (\mu_1)_m + \mu_{N_2} + \mu_{CO_2} + \mu_{H_2S} \tag{3-48}$$

式中各校正系数为

$$\mu_{H_2S} = M_{H_2S} \cdot (8.49 \times 10^{-3} \log \gamma_g + 3.73 \times 10^{-3}) \tag{3-49}$$

$$\mu_{CO_2} = M_{CO_2} \cdot (9.08 \times 10^{-3} \log \gamma_g + 6.24 \times 10^{-3}) \tag{3-50}$$

$$\mu_{N_2} = M_{N_2} \cdot (8.48 \times 10^{-3} \log \gamma_g + 9.59 \times 10^{-3}) \tag{3-51}$$

式（3-48）～式（3-51）中，μ_1'——混合物的黏度校正值，mPa·s；

$\quad\quad (\mu_1)_m$——混合物的黏度，mPa·s；

$\quad\quad \mu_{H_2S}$、μ_{CO_2}、μ_{N_2}——H_2S、CO_2 和 N_2 黏度校正值，mPa·s；

$\quad\quad M_{N_2}$、M_{CO_2}、M_{H_2S}——该项气体占气体混合物的摩尔含量，小数；

$\quad\quad \gamma_g$——天然气相对密度（$\gamma_{空气} = 1.0$）；

该校正方法只适用于 Dempsey 法。

3.6.5　模型验证及分析

本书通过 3 组实验来验证该模型的准确性、实用性。

1. 实验样品

本次取 3 组不同实验样品，对建立的含水酸性模型进行验证，实验温度为 105℃（样品 2 气藏温度）。其中样品 2 是 3.4 节中的样品，其余 2 组样品是根据实验对比要求所配置的样品，3 组样品组分摩尔含量如表 3-6 所示。对样品 1、样品 3 饱和地层水（表 3-2），得到含水气样品，然后进行实验测定。从表 3-6 中可以看出 3 组样品中含 CO_2 和 H_2S 的摩尔含量之和分别为 0.02%、11.44%、25.00%。按照 3.1 节、3.2 节和 3.3 节中的实验方法、装置和步骤，测量其余 2 组含水样品在 105℃、不同压力时的黏度。样品 2 中的数据由 3.5 节中的实验测定，无须重复测量。

2. 样品含水模型分析

在 105℃下，酸性气体含水量模型计算值与实验测量值见表 3-7 及图 3-9。

表 3-6　实验样品成分

组分	纯样品摩尔分数/%		
	样品 1	样品 2	样品 3
CO_2	0.01	1.88	5
H_2S	0.01	9.56	20
C_1	99.98	55.15	75

续表

组分	纯样品摩尔分数/%		
	样品 1	样品 2	样品 3
C_2	0	11.33	0
C_3	0	6.73	0
iC_4	0	1.39	0
nC_4	0	3.81	0
iC_5	0	1.39	0
nC_5	0	1.37	0
C_6	0	4.19	0
C_{7+}	0	3.19	0

表 3-7　各样品含水量摩尔数

压力/MPa	样品 1/mol		样品 2/mol		样品 3/mol	
	计算值	实测值	计算值	实测值	计算值	实测值
13.71	0.0887	0.0986	0.1037	0.1125	0.1177	0.1265
18.71	0.0662	0.0699	0.0760	0.0800	0.0864	0.0904
23.71	0.0534	0.0557	0.0534	0.0564	0.0693	0.0723
28.71	0.0436	0.0456	0.0447	0.0467	0.0574	0.0594
33.71	0.0372	0.0382	0.0385	0.0395	0.0489	0.0499
38.71	0.0314	0.0331	0.0338	0.0345	0.0427	0.0434
43.71	0.0277	0.0296	0.0302	0.0311	0.0378	0.0387
48.71	0.0258	0.0266	0.0272	0.0280	0.0340	0.0348
53.71	0.0234	0.0236	0.0248	0.0250	0.0309	0.0311
58.71	0.0214	0.0216	0.0228	0.0230	0.0283	0.0285
63.71	0.0198	0.0207	0.0211	0.0220	0.0261	0.0270
68.71	0.0183	0.0187	0.0197	0.0201	0.0242	0.0246

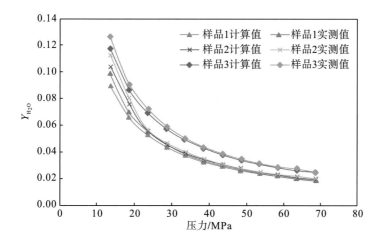

图 3-9　水蒸气组分摩尔含量随压力变化关系图

由表 3-7 和图 3-9 可看出：所选用的模型在高压条件下，计算得到的数据与实验数据基本相等，而在低压条件下计算得到的数据与实验数据有偏差，表明引用的模型在较高压力下能准确预测酸性气体含水量。3 组实验及模型计算发现：气体中 H_2S、CO_2 含量越高，则含水量越高，且模型计算值与实验值越接近。

3.黏度模型分析

采用 4 种酸性气体黏度模型计算实验样品中的 3 组考虑含水与未考虑含水的酸性气体的黏度值，再与实验测试值对比，见表 3-8～表 3-13 及图 3-10～图 3-18。

表 3-8   不同压力下未含水黏度模型计算的黏度值（样品 1）

压力/MPa	黏度/(mPa·s)				
	PR 法	LG 法	Dempsey 法	LBC 法	实验值
13.71	0.0225	0.0182	0.0127	0.0093	0.0137
18.71	0.0235	0.0195	0.0143	0.0115	0.0182
23.71	0.0246	0.0211	0.0159	0.0139	0.0216
28.71	0.0261	0.0234	0.0179	0.0165	0.0244
33.71	0.0275	0.0260	0.0204	0.0191	0.0267
38.71	0.0285	0.0280	0.0228	0.0216	0.0287
43.71	0.0300	0.0303	0.0249	0.0240	0.0305
48.71	0.0312	0.0319	0.0267	0.0263	0.0319
53.71	0.0324	0.0340	0.0285	0.0285	0.0332
58.71	0.0337	0.0359	0.0303	0.0307	0.0345
63.71	0.0347	0.0379	0.0320	0.0336	0.0357
68.71	0.0360	0.0393	0.0336	0.0363	0.0369

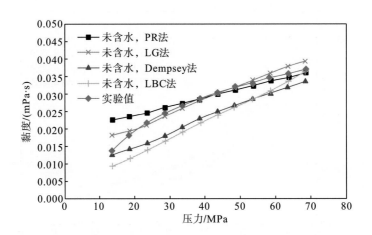

图 3-10   不同未含水黏度模型计算的黏度值与实验测试的气体黏度值对比（样品 1）

表 3-9　不同压力下含水黏度模型计算的黏度值（样品 1）

压力/MPa	黏度/(mPa·s)				
	PR 法	LG 法	Dempsey 法	LBC 法	实验值
13.71	0.0169	0.0075	0.0046	0.0029	0.0137
18.71	0.0199	0.0134	0.0098	0.0079	0.0182
23.71	0.0229	0.0183	0.0145	0.0127	0.0216
28.71	0.0254	0.0232	0.0183	0.0166	0.0244
33.71	0.0274	0.0262	0.0215	0.0197	0.0267
38.71	0.0292	0.0297	0.0243	0.0231	0.0287
43.71	0.0309	0.0318	0.0271	0.0259	0.0305
48.71	0.0321	0.0343	0.0290	0.0281	0.0319
53.71	0.0333	0.0367	0.0308	0.0305	0.0332
58.71	0.0345	0.0390	0.0327	0.0328	0.0345
63.71	0.0363	0.0412	0.0344	0.0350	0.0357
68.71	0.0377	0.0432	0.0361	0.0371	0.0369

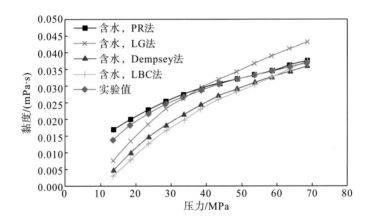

图 3-11　不同含水黏度模型计算的黏度值与实验测试的气体黏度值对比（样品 1）

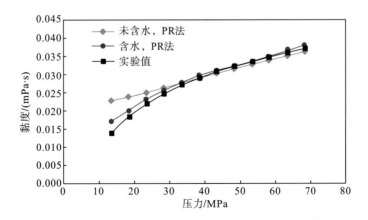

图 3-12　未含水、含水 PR 模型计算的黏度值与实验测试的气体黏度值对比（样品 1）

表 3-10　不同压力下未含水黏度模型计算的黏度值（样品 2）

压力/MPa	黏度/(mPa·s)				
	PR 法	LG 法	Dempsey 法	LBC 法	实验值
13.71	0.0235	0.0172	0.0157	0.0093	0.0127
18.71	0.0246	0.0192	0.0173	0.0115	0.0171
23.71	0.0258	0.0216	0.0189	0.0139	0.0204
28.71	0.0272	0.0240	0.0206	0.0165	0.0234
33.71	0.0285	0.0265	0.0224	0.0191	0.0257
38.71	0.0297	0.0290	0.0241	0.0216	0.0277
43.71	0.0310	0.0313	0.0259	0.0240	0.0295
48.71	0.0323	0.0336	0.0277	0.0263	0.0309
53.71	0.0335	0.0358	0.0295	0.0285	0.0322
58.71	0.0347	0.0379	0.0313	0.0307	0.0335
63.71	0.0359	0.0399	0.0330	0.0340	0.0347
68.71	0.0370	0.0418	0.0346	0.0370	0.0359

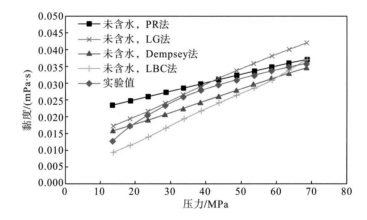

图 3-13　不同未含水黏度模型计算的黏度值与实验测试的气体黏度值对比（样品 2）

表 3-11　不同压力下含水黏度模型计算的黏度值（样品 2）

压力/MPa	黏度/(mPa·s)				
	PR 法	LG 法	Dempsey 法	LBC 法	实验值
13.71	0.0149	0.0035	0.0036	0.0029	0.0127
18.71	0.0189	0.0114	0.0098	0.0076	0.0171
23.71	0.0219	0.0173	0.0145	0.0122	0.0204
28.71	0.0244	0.0222	0.0183	0.0159	0.0234
33.71	0.0264	0.0262	0.0215	0.0196	0.0257
38.71	0.0282	0.0297	0.0243	0.0231	0.0277
43.71	0.0299	0.0328	0.0271	0.0255	0.0295
48.71	0.0311	0.0353	0.0290	0.0279	0.0309
53.71	0.0323	0.0377	0.0308	0.0296	0.0322
58.71	0.0335	0.0400	0.0327	0.0317	0.0335
63.71	0.0346	0.0422	0.0344	0.0333	0.0347
68.71	0.0357	0.0442	0.0361	0.0350	0.0359

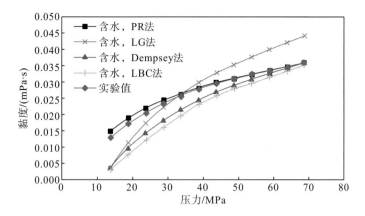

图 3-14　不同含水黏度模型计算的黏度值与实验测试的气体黏度值对比(样品 2)

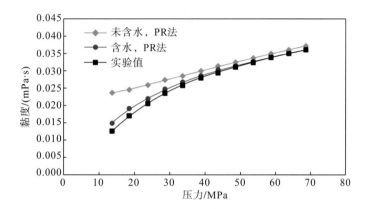

图 3-15　未含水、含水 PR 模型计算的黏度值与实验测试的气体黏度值对比(样品 2)

表 3-12　不同压力下未含水黏度模型计算的黏度值(样品 3)

压力/MPa	黏度/(mPa·s)				
	PR 法	LG 法	Dempsey 法	LBC 法	实验值
13.71	0.0220	0.0157	0.0142	0.0078	0.0121
18.71	0.0231	0.0177	0.0158	0.0100	0.0167
23.71	0.0243	0.0201	0.0174	0.0124	0.0203
28.71	0.0257	0.0225	0.0191	0.0150	0.0228
33.71	0.0270	0.0250	0.0209	0.0176	0.0252
38.71	0.0282	0.0275	0.0226	0.0201	0.0273
43.71	0.0295	0.0298	0.0244	0.0225	0.0289
48.71	0.0308	0.0321	0.0262	0.0248	0.0304
53.71	0.0320	0.0343	0.0280	0.0270	0.0317
58.71	0.0332	0.0364	0.0298	0.0292	0.0329
63.71	0.0344	0.0384	0.0315	0.0315	0.0342
68.71	0.0355	0.0418	0.0331	0.0340	0.0354

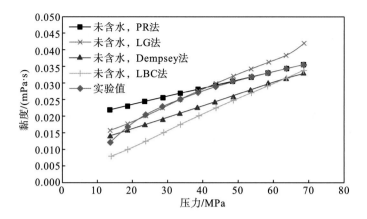

图 3-16　不同未含水黏度模型计算的黏度值与实验测试的气体黏度值对比(样品 3)

表 3-13　不同压力下含水黏度模型计算的黏度值(样品 3)

压力/MPa	黏度/(mPa·s)				
	PR 法	LG 法	Dempsey 法	LBC 法	实验值
13.71	0.0130	0.0054	0.0036	0.0020	0.0121
18.71	0.0174	0.0123	0.0095	0.0059	0.0167
23.71	0.0209	0.0172	0.0144	0.0107	0.0203
28.71	0.0232	0.0219	0.0183	0.0146	0.0228
33.71	0.0256	0.0252	0.0214	0.0187	0.0252
38.71	0.0277	0.0283	0.0241	0.0222	0.0273
43.71	0.0290	0.0312	0.0271	0.0255	0.0289
48.71	0.0304	0.0343	0.0290	0.0281	0.0304
53.71	0.0317	0.0363	0.0305	0.0305	0.0317
58.71	0.0330	0.0388	0.0323	0.0328	0.0329
63.71	0.0342	0.0412	0.0343	0.0350	0.0342
68.71	0.0354	0.0430	0.0369	0.0371	0.0354

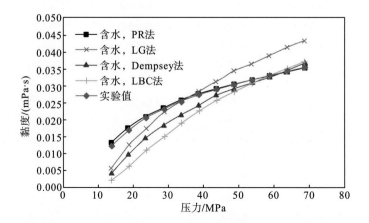

图 3-17　不同含水黏度模型计算的黏度值与实验测试的气体黏度值对比(样品 3)

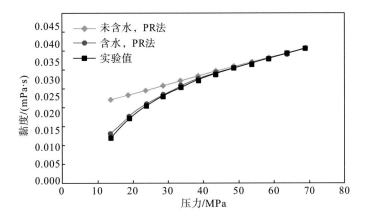

图 3-18　未含水、含水 PR 模型计算的黏度值与实验测试的气体黏度值对比(样品 3)

由图 3-10～图 3-18 可知：未考虑含水的 4 种酸性气体黏度模型计算的黏度曲线呈线性，与实验测定的含水酸性气体黏度曲线趋势区别很大；考虑含水的 4 种酸性气体黏度模型计算的黏度曲线均呈指数型，与实验测定的含水酸性气体黏度曲线趋势相同。这表明酸性气体含水对其黏度有影响，且可通过组分校正方法减小其影响，因此对前人提出的酸性气体黏度模型进行含水影响的修正，进而得到含水酸性气体黏度模型。在低压区，压力下降，实验测试的气体黏度下降幅度明显大于模型计算的黏度的下降幅度；在高压区，压力下降幅度一定时，模型计算与实验得到的气体黏度较为接近。无论是在低压还是在高压，压力下降幅度一定时，新建立的含水酸性气体黏度模型得到的气体黏度值与实验测得值的变化幅度相当。

以样品 2 为例，对 4 种黏度模型进行独立分析，在低压区，采用 PR 黏度模型预测的未含水酸性气体的黏度值大于实验值测定的含水的酸性气体黏度值，但在高压区，两者区别有所减小(图 3-15)。采用 LG、Dempsey、LBC 黏度模型计算的未含水酸性气体的黏度值与实验值有很大偏差(图 3-10、图 3-13、图 3-16)，同时这 3 种计算模型预测的含水酸性气体的黏度值也与实验值有一定的偏差(图 3-11、图 3-14、图 3-17)。综合 3 组样品的分析，采用的 4 种黏度计算模型中，只有新建立的含水 PR 酸性黏度模型的计算值与实验值基本保持一致，表明新建立的含水 PR 黏度模型为最优的计算含水酸性气体黏度的模型。

由组分表 3-6 和黏度误差表 3-14 及图 3-12、图 3-15、图 3-18 知，天然气中的 H_2S、CO_2 等气体含量越高，含水 PR 酸性黏度模型的预测值与实验测定值越接近，该模型的准确性越高。

表 3-14　3 组样品用含水 PR 黏度模型计算的误差值

压力/MPa	相对误差值/%		
	样品 1	样品 2	样品 3
13.71	23.79	17.87	7.01
18.71	9.47	10.34	4.26
23.71	6.11	7.45	2.91

续表

压力/MPa	相对误差值/%		
	样品 1	样品 2	样品 3
28.71	4.06	4.28	1.62
33.71	2.70	2.80	1.31
38.71	1.71	1.69	1.54
43.71	1.35	1.46	0.21
48.71	0.60	0.52	−0.07
53.71	0.21	0.25	0.03
58.71	−0.09	−0.03	0.15
63.71	1.60	−0.43	−0.03
68.71	2.14	−0.53	0.08
AAD/%	4.47	3.81	1.59

注：相对误差值=(计算值−实验值)/实验值，AAD=相对误差值/点数。

第4章 高含硫有水气藏水侵特征

随着气藏气体被采出，引起气藏外部水体能量与内部能量差，使得水体沿着气藏能量消耗较快的通道侵入气藏内部，这就是气藏水侵的过程。一般来说，地层压力下降较小，水体发挥弹性作用，驱动气体运移；一旦压力下降较快且幅度较大，就会引起水体的快速、大幅度运移，这将使得气体被封闭或卡断，出现气井、气田水淹，导致停井和停产，从而影响储量。

因此需要弄清高含硫气藏水侵机理与特征，通过加强对气田的日常动态管理，监测气田动态数据，控制气井产水的时机和方式，使高含硫有水气藏有效开发。

4.1 水侵模式

四川盆地有水气藏按气藏储集层的储渗特征及出水特征，可以划分为裂缝-孔隙型有水气藏、裂缝-孔洞型有水气藏和缝洞发育型多裂缝有水气藏三种主要类型，其中裂缝-孔隙型有水气藏是高含硫气藏的主要出水模式。

4.1.1 微观水侵

水驱气形成封闭气的方式主要有：①卡断封闭气(图 4-1)；②绕流封闭气(图 4-2)；③水锁封闭气(图 4-3)。

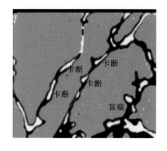
图 4-1 卡断封闭气

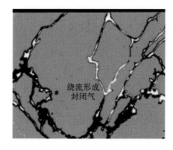
图 4-2 绕流封闭气

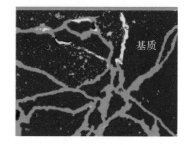
图 4-3 水锁封闭气

卡断封闭气(图 4-1)：在大裂缝中，气藏水侵，水窜沿裂缝和孔隙表面流动，水体可能占据大裂缝的全部渗流通道，水体流向较为粗糙的裂缝和喉道时，受到由贾敏效应产生的附加阻力，使气体卡断而滞留在粗糙裂缝和突变喉道处；在中小裂缝中，水以连续相在裂缝表面流动，气体是非连续相，呈段塞或珠泡状态滞留在裂缝中；在微裂缝中，水在裂缝表面流动，气体因被水体卡断而形成珠泡滞留在裂缝中，孔隙、微裂缝气体被封闭，使得气藏产量减小。

绕流封闭气(图4-2)：裂缝的导流能力远远高于孔隙的导流能力，因此在低压差条件下，水体首先流向大裂缝，使大裂缝发生水窜，导致部分气体被封闭在孔隙和微细裂缝中，难以采出，进而导致产气量减少。

水锁封闭气(图4-3)：渗透率较高的大裂缝发生水侵后，水体包围基质孔隙，在毛细管效应作用下，水侵入基质岩块孔隙，并在喉道形成水膜，使得孔隙喉道的毛管阻力增大，致使孔隙中气体被水封隔，产量减小。

4.1.2　宏观水侵

宏观有水气藏水侵方式一般有四种：水锥型(图4-4)、纵窜型(图4-5)、横侵型(图4-6)、纵窜横侵型(图4-7)。

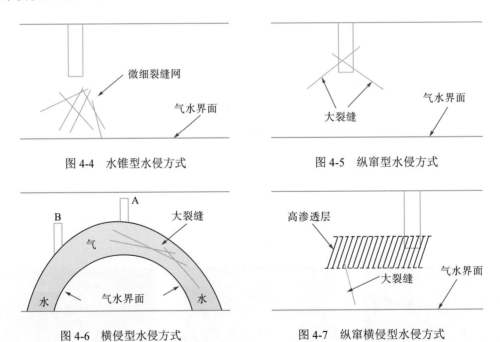

图4-4　水锥型水侵方式　　　　　　　　　图4-5　纵窜型水侵方式

图4-6　横侵型水侵方式　　　　　　　　　图4-7　纵窜横侵型水侵方式

水锥型水侵方式(图4-4)：微细裂缝发育且呈网状分布，底水沿细微裂缝上窜，呈水锥推进。这类井产水量小且上升平缓，气井产量调低后，水窜甚至可能消失，大多出现在气藏低渗地区，对常规气藏气井生产和气藏开采的影响不大，但是由于高含硫气藏开采过程中，硫的析出会伤害储层渗透率，使气藏渗透率降低，因此在气藏后期和气井附近应考虑这种水侵模型对气藏的影响。

纵窜型水侵方式(图4-5)：高角度裂缝连接气井，当水侵侵入到裂缝后，水体快速通过裂缝流向井底，此时气井产水量猛增，短期内可使气井发生水淹而停产。高含硫气藏开采过程中，早期产气量高，硫在裂缝中析出且含量高，且产水量小；后期产气量小，水体主要占据高角度裂缝，产水量增大，裂缝中基本无硫析出。

横侵型水侵方式(图4-6)：该类型的水侵方式主要是边水，水体横向侵入气藏，造成纵向上气水层交互分布。横侵型水侵的气藏地层水平缝发育，纵向缝较少，气井距离高角度缝较远，地层水向气井流动相对比较困难。

纵窜横侵型水侵方式(图4-7)：水体沿大裂缝纵向流向高渗透层，然后横向沿着高渗透层流向气井。纵窜横侵型水侵模式下的高含硫气藏纵向大裂缝发育，横向微裂缝广泛分布。该类型的水侵模式对裂缝-孔隙型高含硫底水气藏的开采影响是最大的，而且这种水侵模式在高含硫气藏的主产区较为常见。

4.2　水侵方向

边、底水推进，会极大地影响气井产能，影响气藏采出程度。气藏水侵主要是沿着裂缝推进，因此，裂缝的形态代表着水侵方向，同时不同裂缝形态下的水侵速率是不同的。可以通过现场裂缝形态下的采出程度来判断气藏水侵方向。图4-8为元坝气田裂缝性气藏不同裂缝类型条件下的采出程度。从图4-8可以看出，平面缝下的无水期和稳产期采出程度最高，综合缝下的无水期和稳产期采出程度最低，表明气藏水侵主要是沿着综合缝推进。

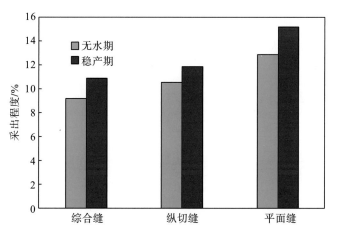

图 4-8　元坝气田在不同裂缝类型下的采出程度

4.3　出水特征及识别方式

4.3.1　出水来源及特征

常见的出水来源：边底水、夹层水、层间水窜、凝析水。表4-1为高含硫气藏不同出水来源的特征，可以看出不同出水来源对应的评价指标特征是不同的，因此综合评价指标可以判别高含硫气藏的出水来源。

表 4-1 高含硫气藏不同出水来源的特征

出水来源	评价指标	特征
边、底水	气水比	边、底水入侵后，气水比急速上升
	含水率	边、底水入侵后，含水率急速上升
	H_2S 含量	边、底水入侵后，气体中 H_2S 含量急速上升
夹层水	气水比	初期气水比高、后期下降
	含水率	初期含水率高、后期下降
	H_2S 含量	初期气体中 H_2S 含量上升，后期保持不变
层间水窜	气水比	气水比跳跃式上升，不稳定
	含水率	基本与气水比同步变化
	H_2S 含量	气体中 H_2S 含量跳跃式上升
凝析水	气水比	气水比稳定、很低
	含水率	含水率很低
	H_2S 含量	气体中 H_2S 含量基本保持不变

4.3.2 出水识别方式

根据高含硫气藏各种来源的出水特征，可以由气藏生产动态资料来识别其出水来源。图 4-9 为气藏出水识别方式。

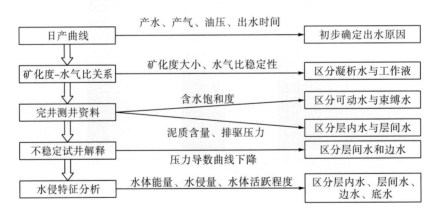

图 4-9 气藏出水识别方式

4.4 识 别 方 法

气藏水侵识别主要是利用生产动态资料，同时也结合部分的气藏静态资料。还可以利用不稳定试井资料、数值模拟技术、试气分析资料等来识别水侵。

4.4.1　井口压力的变化

图 4-10 为普光气田某井油压与累计产气量的关系。从图 4-10 可以看出，出水前压力下降速度缓慢，出水后压力下降速度加快。由于大部分气藏都是弹性驱替气藏，气藏能量在未出水前受到边、底水能量的补充，所以油压下降的速度慢，而气藏出水后，边、底水能量泄压，不能给气藏提供弹性驱替能量，导致出水后油压下降速度加快。气藏发生水侵后，气井产液量增加，井筒内的单相流转变为气、水两相流，使得井筒摩阻增大，从而导致油压下降速度加快。

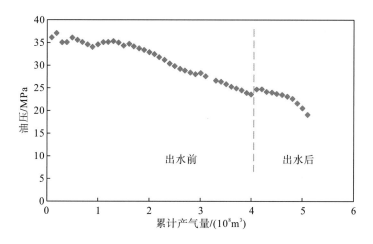

图 4-10　普光某井油压与累计产气量关系

4.4.2　出水井 H_2S 含量变化

高含硫气藏是一种含有 H_2S 的非常规气藏，当地层含有大量边、底水时，水体中含有大量的 H_2S 气体，而随着气藏的开采，气藏压力、温度降低，H_2S 气体从地层水中溢出，使得天然气中的 H_2S 含量增多(图 4-11)。因此，可以根据天然气中 H_2S 的含量来识别高

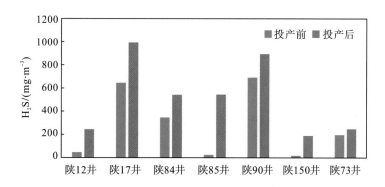

图 4-11　长庆气田部分井投产前后 H_2S 含量的变化情况

含硫气藏的水侵规模。图 4-12 为普光气田出水前 H_2S 平均含量的变化情况。从图 4-12 可以看出，高含硫气藏中 H_2S 含量急剧上升，表明该气藏发生了水侵。H_2S 含量不断增加的原因在于原始条件下溶解于地层水中的部分 H_2S 气体在地层压力下降时从水相进入气相，而并非硫酸盐还原菌对 SO_4^{2-} 离子进行分解还原或大分子化合物裂解。

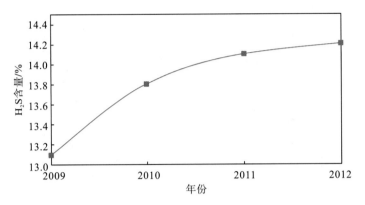

图 4-12 普光气田某井出水前 H_2S 平均含量的变化

4.4.3 气水比异常变化

气水比反映了产出流体中含水量的多少，是一项重要的动态生产指标。通常通过气水比来判断气藏是否受到水侵，以及水侵程度等。图 4-13 为普光气田某井出水后气水比的变化情况。从图 4-13 可以看出，随着开采的进行，水侵加重，气水比变化速率加快。

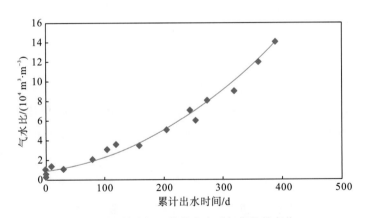

图 4-13 普光气田某井出水后气水比的变化

4.5 水侵量与水体大小计算

根据以上分析高含硫气藏水侵的特征及高含硫气藏开采过程中硫析出的现象，为了更准确地计算水侵量及水体倍数，需要在水驱高含硫气藏物质平衡中考虑水溶气、硫沉积。

4.5.1　模型介绍与参数求取

1.水溶气

溶解在水中的那部分气体叫水溶性气体，即水溶气。水溶气是一种重要的非常规天然气资源，广泛分布于世界各地，特别是高温、高压的含水丰富的气藏。在非常规油气资源不断被开发的同时，水溶性天然气也很可能成为重要的供气资源和影响产量规模的因素。当气藏中水体较大时，水溶气含量丰富，可充当外来气，也可用于评价气藏能量大小。水中释放的气体作为附加驱动能，对产量和采收率有有利影响。

天然气在地层水中的溶解度受温度、压力、盐度、天然气组成等因素的影响。天然气在水中的溶解是一种气液平衡问题，溶解度可以根据相平衡原理计算出来。状态方程可以用来解决高压相平衡问题。Peng 和 Robinson（1976）通过热力学平衡原理得到了 PR 状态方程，该方程被广泛运用于计算相态平衡。

由于水分子是极性分子，而且地层水含有电解质，因此利用原始 PR 方程和经典混合规则得到的气体溶解度偏差很大。因此，Soreide 和 Whitson（1992）对 PR 方程进行了改进：

$$p = \frac{RT}{V_m - b} - \frac{a(T)}{V_m(V_m + b) + b(V_m - b)} \tag{4-1}$$

经典的混合规则对烃和非烃盐水分别采用不同的方法计算压力。

C_n/NaCl 水溶液：

$$\begin{aligned}
k_{ij} = & \left(1.112 - 1.7369\theta^{-0.1}\right)\left[1 + \left(4.7863 \times 10^{-13}\theta^4\right)c_{sw}\right] \\
& + \left(1.1001 + 0.836\theta\right)\left(1 + 1.438 \times 10^{-2}c_{sw}\right)T_r \\
& + \left(-0.15742 - 1.0988\theta\right)\left(1 + 2.1547 \times 10^{-3}c_{sw}\right)T_r^2
\end{aligned} \tag{4-2}$$

N_2/NaCl 水溶液：

$$k_{ij} = -1.70235\left(1 + 0.025587c_{sw}^{0.75}\right) + 0.44338\left(1 + 0.08126c_{sw}^{0.75}\right)T_r \tag{4-3}$$

CO_2/NaCl 水溶液：

$$\begin{aligned}
k_{ij} = & -0.31092\left(1 + 0.15587c_{sw}^{0.7505}\right) + 0.23580\left(1 + 0.08126c_{sw}^{0.75}\right)T_r \\
& -21.2566\exp\left(-6.7222T_r - c_{sw}\right)
\end{aligned} \tag{4-4}$$

H_2S/NaCl 水溶液：

$$k_{ij} = -0.20441 + 0.23426T_r \tag{4-5}$$

式中，k_{ij}——烃水交互系数；

　　　c_{sw}——地层水矿化度，$mol \cdot kg^{-1}$；

　　　θ——偏心因子。

因此，根据相平衡的原则，改进的 PR 状态方程提高了计算地层水的多组分天然气溶解度的准确性。图 4-14 为利用改进的 PR 状态方程求解的酸性气体的溶解气水比。

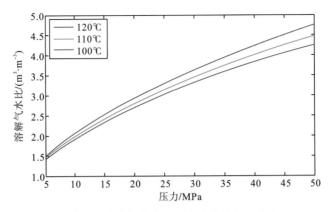

图 4-14　酸性气体在地层水中的溶解气水比

2.硫沉积

含硫气体在储层压力中的溶解度随储层压力的减小而减小。在高含硫气藏开发过程中，预测元素硫的临界温度和压力具有重要意义。Chrastil(1982)基于关联度和熵焓原理得到了固硫的溶解度方程：

$$R_{s} = \rho_{g}^{k} \exp(M/T + N) \tag{4-6}$$

式中，R_{s}——硫溶解度，$kg \cdot m^{-3}$；

　　　k、M、N——关联参数，无量纲；

　　　T——温度，K。

基于 Chrastil 提出的固硫溶解度模型，Roberts(1996)和 Brunner 等(1988)通过实验得出了经验模型：

$$R_{s} = 4 \left(\frac{M_{a}\gamma_{g}}{ZRT} \right)^{4} \exp \left(\frac{-4666}{T} - 4.5711 \right) p^{4} \tag{4-7}$$

式中，p——开发过程中气藏的压力，MPa；

　　　M_{a}——干燥空气的分子量，$28.97kg \cdot kmol^{-1}$；

　　　γ_{g}——气体的相对密度，小数；

　　　Z——开发过程中气藏的偏差因子，小数；

　　　R——通用气体常数，$0.008314MPa \cdot m^{3} \cdot kmol^{-1} \cdot K^{-1}$。

3.水溶气团聚机理

元素硫在高含硫气藏中溶解的化学方程式：

$$H_{2}S + S_{x} \underset{p\downarrow}{\overset{p\uparrow}{\rightleftharpoons}} H_{2}S_{x+1} \tag{4-8}$$

考虑到地层水中硫化氢的影响，当由原始地层压力 p_{i} 下降到 p 时，地层水中溶解的硫化氢会溢出，增加酸性气体中硫化氢的浓度。单位体积地层水中释放的硫化氢量与改变单位地层压力的关系为

$$\Delta R_{H_{2}S} = A\Delta p + B \tag{4-9}$$

式中，ΔR_{H_2S}、Δp ——H₂S 气体、压力改变量，无量纲；

　　A、B ——参数，无量纲。

　　根据式(4-9)可知，随着压力的下降，硫化氢重组分的浓度增加；根据式(4-8)可知，随着压力的下降，硫的溶解度增加。由于平衡态[式(4-8)]的存在，平衡向右边移动有助于更多的硫磺溶解到地层的天然气中。

4.5.2　模型的建立与求解

　　高含硫气藏物质平衡状态见图 4-15。根据图 4-15 所示，该物质平衡状态有如下几种状态：①气藏温度恒定；②气藏处于相平衡状态；③气体完全溶解在水体和束缚水。

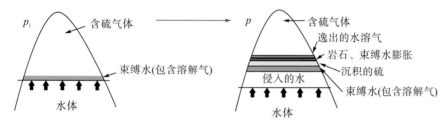

图 4-15　高含硫气藏物质平衡物理示意图

　　井流生产的摩尔平衡：

$$n_p = n_{gi} + n_{wg} - n_{gr} - n_{sr} - n_{wgr} \tag{4-10}$$

式中，n_p ——井流产出摩尔量，kmol；

　　n_{gi} ——原始气相摩尔量，kmol；

　　n_{wg} ——原始水溶气摩尔量，kmol；

　　n_{gr} ——残余气体摩尔量，kmol；

　　n_{sr} ——沉积硫摩尔量，kmol；

　　n_{wgr} ——井流产量摩尔量，kmol。

　　累计产量摩尔数：

$$n_p = \frac{p_{sc} G_p}{T_{sc} Z_{sc} R} \tag{4-11}$$

式中，G_p ——标况下的累计产气量，m³。

　　原始气相摩尔数：

$$n_{gi} = \frac{p_i V_{HCi}}{T Z_i R} \tag{4-12}$$

式中，V_{HCi} ——原始烃类孔隙体积，m³。

　　原始束缚气和水体中的气体摩尔数：

$$n_{wgi} = \frac{p_{sc}\left(V_{AQ} + V_{wc}\right)R_{wi}}{T_{sc} Z_{sc} R B_{wi}} = \frac{p_{sc}\left(\omega + S_{wi}\right)V_{HCi} R_{wi}}{T_{sc} Z_{sc} R B_{wi}\left(1 - S_{wi}\right)} \tag{4-13}$$

式中，V_{AQ}——水体体积，m^3；

V_{wc}——束缚水体积，m^3；

R_{wi}——原始气体溶解度，$m^3 \cdot m^{-3}$；

B_{wi}——原始水体压缩系数，$m^3 \cdot m^{-3}$；

ω——水体倍数，$m^3 \cdot m^{-3}$。

其中，水体倍数 ω 为

$$\omega = \frac{V_{AQ}}{V_{pi}} = \frac{V_{AQ}\left(1 - S_{wi}\right)}{V_{HCi}} \tag{4-14}$$

式中，V_{pi}——原始孔隙体积，m^3。

气藏剩余气相摩尔数：

$$n_{gr} = \frac{pV_{HC}}{ZTR} \tag{4-15}$$

式中，V_{HC}——烃类孔隙体积，m^3。

孔隙中硫的体积：

$$V_s = \frac{V_{HCi}R_{si} - V_{HC}R_s}{\rho_s} \tag{4-16}$$

式中，V_s——沉积硫的体积，m^3；

R_{si}——原始硫溶解度，$kg \cdot m^{-3}$；

ρ_s——固硫密度，$kg \cdot m^{-3}$。

孔隙中剩余硫的摩尔数：

$$n_{sr} = \frac{V_{HC}R_s}{M_s} \tag{4-17}$$

式中，M_s——固硫的分子量，$256kg \cdot kmol^{-1}$。

生产压力下的气体孔隙体积可以表示为

$$\begin{aligned} V_{HC} &= V_{HCi} - \Delta V_p - \Delta V_{wc} - V_s - \left(W_e - W_p B_w\right) \\ &= \left[1 - C_e\left(p_i - p\right)\right]V_{HCi} - V_s - \left(W_e - W_p B_w\right) \end{aligned} \tag{4-18}$$

式中，ΔV_p——孔隙膨胀体积，m^3；

ΔV_{wc}——束缚水膨胀体积，m^3；

W_e——水侵量，m^3；

W_p——累计产水量，m^3；

C_e——有效压缩系数，MPa^{-1}；

B_w——地层水的压缩系数，$m^3 \cdot m^{-3}$；

p_i——原始地层压力，MPa。

其中，

$$C_e = \frac{C_f + S_{wi}C_w}{1 - S_{wi}} \tag{4-19}$$

式中，C_f——岩石压缩系数，MPa^{-1}；

C_w——地层水压缩系数，MPa^{-1}。

剩余水中的气体摩尔数：

$$n_{wgr} = \frac{p_{sc}\left(V_{AQ} + \Delta V_{AQ} + V_{wc} + \Delta V_{wc} + V_s - W_p B_w\right)R_w}{Z_{sc}T_{sc}RB_w}$$

$$= \frac{p_{sc}\left\{1 + C_w\left(p_i - p\right)\dfrac{\omega + S_{wi}}{1 - S_{wi}}V_{HCi} + V_s - W_p B_w\right\}R_w}{Z_{sc}T_{sc}RB_w} \tag{4-20}$$

联立式(4-10)～式(4-20)得到考虑硫沉积、地层水侵入和水溶气的高含硫气藏物质平衡方程：

$$\frac{p_{sc}G_p}{Z_{sc}T_{sc}R} = \frac{p_i V_{HCi}}{Z_i TR} + \frac{(\omega + S_{wi})p_{sc}V_{HCi}R_{wi}}{Z_{sc}T_{sc}RB_{wi}(1 - S_{wi})} - \frac{(M_s p - ZTRR_s)}{ZTRM_s}\frac{\left\{\left[1 - C_e\left(p_i - p\right)\right]\rho_s - R_{si}\right\}V_{HCi} - \left(W_e - W_p B_w\right)\rho_s}{\rho_s - R_s}$$

$$- \frac{p_{sc}\left\{1 + C_w\left(p_i - p\right)\dfrac{\omega + S_{wi}}{1 - S_{wi}}V_{HCi} + \dfrac{\left\{R_{si} - \left[1 - C_e\left(p_i - p\right)\right]R_s\right\}V_{HCi}\rho_s + \left(W_e - W_p B_w\right)R_s\rho_s}{\rho_s - R_s} - W_p B_w\right\}R_w}{Z_{sc}T_{sc}RB_w} \tag{4-21}$$

其中，

$$V_{HCi} = V_b\varphi\left(1 - S_{wi}\right) \tag{4-22}$$

式中，V_b——岩石表观总体积，m^3；

φ——岩石孔隙度，小数。

对于有限水体的弹性水驱气藏，当气藏压力降波及整个天然水域范围后，气藏的水体大小为

$$V_{AQ} = \frac{W_e}{\left(C_w + C_f\right)\left(p_i - p\right)} \tag{4-23}$$

联立式(4-14)、式(4-22)、式(4-23)得

$$\omega = \frac{V_{AQ}}{V_{pi}} = \frac{V_{AQ}\left(1 - S_{wi}\right)}{V_{HCi}} = \frac{W_e}{V_b\varphi\left(C_w + C_f\right)\left(p_i - p\right)} \tag{4-24}$$

将式(4-22)、式(4-24)代入式(4-21)中得到关于 G_p、W_e、W_p 的关系式：

$$\frac{p_{sc}G_p}{Z_{sc}T_{sc}R} = \frac{p_i V_b\varphi\left(1 - S_{wi}\right)}{Z_i TR} + \frac{\left[W_e + S_{wi}V_b\varphi\left(C_w + C_f\right)\left(p_i - p\right)\right]p_{sc}R_{wi}}{Z_{sc}T_{sc}RB_{wi}\left(C_w + C_f\right)\left(p_i - p\right)}$$

$$- \frac{(M_s p - ZTRR_s)}{ZTRM_s}\frac{\left\{\left[1 - C_e\left(p_i - p\right)\right]\rho_s - R_{si}\right\}V_b\varphi\left(1 - S_{wi}\right) - \left(W_e - W_p B_w\right)\rho_s}{\rho_s - R_s}$$

$$- \frac{p_{sc}R_w\left[\left(C_w + C_f\right) + C_w W_e + C_w V_b\varphi S_{wi}\left(C_w + C_f\right)\left(p_i - p\right)\right]}{Z_{sc}T_{sc}RB_w\left(C_w + C_f\right)}$$

$$- \frac{p_{sc}R_w\left(\left\{R_{si} - \left[1 - C_e\left(p_i - p\right)\right]R_s\right\}V_b\varphi\left(1 - S_{wi}\right)\rho_s + \left(W_e - W_p B_w\right)R_s\rho_s - W_p B_w\left(\rho_s - R_s\right)\right)}{Z_{sc}T_{sc}RB_w}$$

$$\tag{4-25}$$

高含硫气藏开发过程中，G_p、W_p是已知的，由式(4-25)即可求出水侵量W_e。再根据式(4-23)，便可以求出水体体积大小V_{AQ}。

选取普光气田某井的部分生产资料通过上述方法及张茂林模型(张茂林和喻高明，1988)求取该气井在不同压力下的累计水侵量，见表 4-2、图 4-16。张茂林模型考虑了硫沉积的影响，未考虑水溶气的影响，因此，计算的水侵量大于本书模型计算的水侵量。

表 4-2　普光气田某气井的部分生产资料及模型计算

生产资料数据			水侵量/($10^4 m^3$)	
压力/MPa	累计产气量/($10^8 m^3$)	累计产水量/($10^4 m^3$)	本书模型	张茂林模型
54.37	0.61	0.06	3.81	3.97
52.96	2.07	0.28	11.44	15.56
52.10	3.23	0.44	23.82	28.64
50.97	4.82	0.60	49.26	58.44
49.96	6.33	0.86	73.53	97.25
48.90	12.43	1.42	198.64	246.81
47.77	17.47	1.83	340.22	426.13
46.84	25.78	2.42	643.98	765.36
44.98	31.52	2.71	900.13	1249.33
43.92	34.98	3.29	1072.70	1424.69

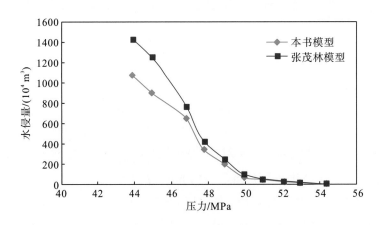

图 4-16　普光气田某井水侵量与压力的关系

在压力降波及整个天然水域之前，随着压力波扩展，参与流动的天然水域范围不断扩大，其水域体积也不断增大，此时式(4-23)计算的V_{AQ}为压力波及水域体积大小。当压力降波及整个天然水域之后，参与流动的天然水域范围固定，计算的V_{AQ}为固定值，即相邻两个测压点计算出的水体体积大小之差等于 0，即$\Delta V_{AQ}=0$，此时计算的V_{AQ}为整个天然水域水体体积大小。该高含硫气藏的水体体积为$11.35\times10^8 m^3$，水体倍数为6.24。

4.6 高含硫底水气藏气井见水时间预测模型

4.6.1 模型的假设与建立

（1）高含硫气藏在初始状态为饱和状态；

（2）气藏储层为均质地层，底水锥进过程当作活塞驱气方式处理；

（3）驱替过程中忽略析出硫的运移、毛管力、重力、储层的各向异性及应力敏感性、气体滑脱及表皮因子的影响；

（4）未射开段地层远端为平面径向流，井底近端为半球形向心流，射开段地层为平面径向流。

该底水锥进的物理模型如图 4-17 所示。

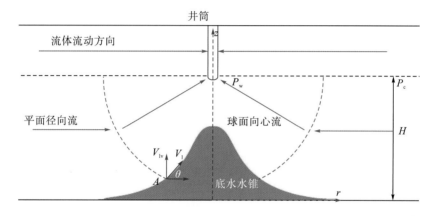

图 4-17 底水水锥水质点渗流模型示意图

气藏射开井段为平面径向流，其中以 z 轴为井轴，气藏未射开井段地层远端为平面径向流，井底近端为半球形向心流，r 轴为原始气、水界面。由水质点渗流理论，一水质点从气、水界面运移到 A 经过的时间为 t，此时气水接触点 A 在多孔介质中的渗流速度为 V，则水质点的实际速度为 V_1，水质点向上的分速度为 V_{1v}，则：

$$V_1 = \frac{V}{\varphi\left(1 - S_{wi} - S_{gr} - S_s\right)} \tag{4-26}$$

$$V_{1v} = V_1 \sin\theta \tag{4-27}$$

$$\sin\theta = \frac{H - z}{\sqrt{r^2 + (H - z)^2}} \tag{4-28}$$

$$V = \frac{Q_{sc}}{2\pi\left[r^2 + (H - z)^2\right]} \tag{4-29}$$

式中，Q_{sc}——考虑远端平面径向流与近端半球向心流的半球形产能，$m^3 \cdot d^{-1}$；

　　　　S_{wi}——束缚水饱和度，小数；

　　　　S_{gr}——残余气饱和度，小数；

　　　　S_s——硫饱和度，小数；

　　　　φ——岩石孔隙度，小数；

　　　　H——储层未射开厚度，m；

　　　　z——水质点上升高度，m。

将式(4-26)～式(4-29)联立可得

$$V_{lv} = \frac{Q_{sc}}{2\pi\left[r^2 + (H-z)^2\right]\varphi\left(1 - S_{wi} - S_{gr} - S_s\right)} \frac{H-z}{\sqrt{r^2 + (H-z)^2}} \tag{4-30}$$

水质点 A 以 V_{lv} 的速度向上运移，在 $\mathrm{d}t$ 时间内向上运移了 $\mathrm{d}z$，则：

$$\mathrm{d}z = \frac{Q_{sc}(H-z)}{2\pi\varphi\left[r^2 + (H-z)^2\right]^{\frac{3}{2}}\left(1 - S_{wi} - S_{gr} - S_s\right)}\mathrm{d}t \tag{4-31}$$

对式(4-31)进行积分：

$$\int_0^z \frac{\left[r^2 + (H-z)^2\right]^{\frac{3}{2}}}{H-z}\mathrm{d}z = \frac{Q_{sc}}{2\pi\varphi\left(1 - S_{wi} - S_{gr} - S_s\right)}\int_0^t \mathrm{d}t \tag{4-32}$$

式(4-32)积分求解可得

$$\frac{1}{3}\left(H^2 + r^2\right)^{\frac{3}{2}} - \frac{1}{3}\left[(H-z)^2 + r^2\right]^{\frac{3}{2}} + r^2\left\{\left(H^2 + r^2\right)^{\frac{1}{2}} + r\ln\frac{\left(H^2 + r^2\right)^{\frac{1}{2}} - r}{H^2} - \left[(H-z)^2 + r^2\right]^{\frac{1}{2}}\right.$$

$$\left. -r\ln\frac{\left[(H-z)^2 + r^2\right]^{\frac{1}{2}} - r}{(H-z)^2}\right\} = \frac{Q_{sc}}{2\pi\varphi\left(1 - S_{wi} - S_{gr} - S_s\right)}t \tag{4-33}$$

令式(4-33)中 $r = 0$，$z = H$(底水锥进突破临界高度)，$t = t_p$，则可推出底水水锥突破时间为

$$t_p = \frac{2\pi\varphi\left(1 - S_{wi} - S_{gr} - S_s\right)}{3Q_{sc}}H^3 \tag{4-34}$$

4.6.2　模型参数的求取

1.高含硫气藏储层有效渗透率的求取

在储层 $\mathrm{d}V$ 体积的孔隙中，由于压力降低，孔隙中气体的含硫量发生变化，析出的硫质量为

$$\mathrm{d}m = 2\pi rh\varphi\mathrm{d}r\mathrm{d}c \tag{4-35}$$

式中，m——固相硫的质量，$kg \cdot m^{-3}$；

　　　　h——气藏有效供气厚度，m；

φ ——气藏孔隙度，小数；

r ——气藏半径，m；

c ——硫的溶解度，$kg \cdot m^{-3}$。

dV 体积的孔隙中析出硫的体积量为

$$dV_s = \frac{2\pi rh\varphi dr dc}{10^3 \rho_s} \tag{4-36}$$

式中，V_s ——固相硫的体积，m^3；

ρ_s ——固相硫的密度，$2070 kg \cdot m^{-3}$。

dV 体积的孔隙中含硫饱和度为

$$dS_s = \frac{dV_s}{2\pi rh\varphi(1-S_{wi})dr} = \frac{dc}{10^3(1-S_{wi})\rho_s} \tag{4-37}$$

对式(4-37)两边求导：

$$\frac{dS_s}{dp} = \frac{1}{10^3(1-S_{wi})\rho_s} \frac{dc}{dp} \tag{4-38}$$

硫溶解度随压力变化的函数关系式为

$$\frac{dc}{dp} = 4\left(\frac{M_a\gamma_g}{ZRT}\right)^4 \exp\left(\frac{-4666}{T} - 4.5711\right)p^3 \tag{4-39}$$

式中，p ——开发过程中气藏的压力，MPa；

M_a ——干燥空气的分子量，$28.97 kg \cdot kmol^{-1}$；

γ_g ——气体的相对密度，小数；

Z ——开发过程中气藏的偏差因子，小数；

R ——通用气体常数，$0.008314 MPa \cdot m^3 \cdot kmol^{-1} \cdot K^{-1}$。

即

$$\frac{dS_s}{dp} = \frac{1}{10^3(1-S_{wi})\rho_s} 4\left(\frac{M_a\gamma_g}{ZRT}\right)^4 \exp\left(\frac{-4666}{T} - 4.5711\right)p^3 \tag{4-40}$$

令：

$$A = \frac{4}{10^3(1-S_{wi})\rho_s}\left(\frac{M_a\gamma_g}{ZRT}\right)^4 \exp\left(\frac{-4666}{T} - 4.5711\right) \tag{4-41}$$

则式(4-40)变为

$$dS_i = Ap^3 dp \tag{4-42}$$

对式(4-42)积分有

$$\int_0^{S_1} dS_s = \int_{p_1}^p Ap^3 dp \tag{4-43}$$

式中，p_i ——原始气藏压力，MPa。

根据式(4-43)得

$$S_s = \frac{A}{4}\left(p_i^4 - p^4\right) \tag{4-44}$$

在建立高含硫气藏渗流方程时，硫的析出破坏了气藏的渗透率。有效渗透率一般是通过绝对渗透率和相对渗透率表征的。

$$K = K_a K_{rg} \tag{4-45}$$

式中，K ——气藏储层有效渗透率，μm^2；

K_a ——气藏储层绝对渗透率，μm^2。

当地层压力降至硫析出的临界压力以下时，元素硫从气体中析出。由于硫沉积会对储层渗透率造成影响，于是 Roberts 于 1997 年提出了一个相对渗透率与硫饱和度关系的经验公式：

$$K_{rg} = \exp(\alpha S_s) \tag{4-46}$$

式中，K_{rg} ——气藏储层相对渗透率，μm^2；

α ——参数，-6.22。

则有

$$K = K_a \exp\left(\frac{\alpha A}{4} \left(p_i^4 - p^4 \right) \right) \tag{4-47}$$

2.考虑硫沉积的产能求取

如图 4-17 所示，根据储层渗流特征，将井底部未射开气藏层段的气流分为半球形向心流和平面径向流。

由气、水两相流的基本规律，可建立半球形向心流流动方程：

$$\frac{dp}{dr} = \frac{\mu_g}{K} \frac{q}{2\pi r^2} + \beta \rho_g \left(\frac{q}{2\pi r^2} \right)^2 \tag{4-48}$$

式中，μ_g ——气藏气体黏度，$mPa \cdot s$；

q ——气藏产能，$m^3 \cdot d^{-1}$；

ρ_g ——气体密度，$kg \cdot m^{-3}$。

平面径向流流动方程为

$$\frac{dp}{dr} = \frac{\mu_g}{K} \frac{q}{2\pi rh} + \beta \rho_g \left(\frac{q}{2\pi rh} \right)^2 \tag{4-49}$$

式(4-48)、式(4-49)中紊流系数 β 可以表示为

$$\beta = \frac{1.15 \times 10^7}{K\varphi} \tag{4-50}$$

地层条件下的天然气密度可表示为

$$\rho_g = \frac{M_a \gamma_g p}{ZRT} \tag{4-51}$$

气体体积系数为

$$B_g = \frac{p_{sc}}{Z_{sc} T_{sc}} \frac{ZT}{p} \tag{4-52}$$

将地层条件下的产能转化为地面条件下的产能：

$$q = Q_{sc}B_g = Q_{sc}\frac{p_{sc}}{Z_{sc}T_{sc}}\frac{ZT}{p} \tag{4-53}$$

将式(4-50)～式(4-53)代入式(4-48)，得到半球形向心流的微分形式：

$$Kp\mathrm{d}p = \left(\frac{Q_{sc}p_{sc}ZT\mu_g}{2\pi T_{sc}}\frac{1}{r^2} + \frac{3.33\times10^6 Q_{sc}^2 p_{sc}^2 TZ\gamma_g}{4\pi^2 T_{sc}^2 R\varphi}\frac{1}{r^4}\right)\mathrm{d}r \tag{4-54}$$

将式(4-50)～式(4-53)代入式(4-49)可推导出平面径向流的微分形式：

$$Kp\mathrm{d}p = \left(\frac{Q_{sc}p_{sc}ZT\mu_g}{2\pi h T_{sc}}\frac{1}{r} + \frac{3.33\times10^6 Q_{sc}^2 p_{sc}^2 TZ\gamma_g}{4\pi^2 h^2 T_{sc}^2 R\varphi}\frac{1}{r^2}\right)\mathrm{d}r \tag{4-55}$$

为了简化计算，假设 μ_g 和 Z 均为常数。将式(4-47)代入式(4-54)和式(4-55)，可得到半球形向心流流动方程：

$$\int_{p_w}^{p} K_a \exp\left(\frac{\alpha A}{4}\left(p_i^4 - p^4\right)\right)p\mathrm{d}p = \int_{r_w}^{r}\left(\frac{Q_{sc}p_{sc}ZT\mu_g}{2\pi T_{sc}}\frac{1}{r^2} + \frac{3.33\times10^6 Q_{sc}^2 p_{sc}^2 TZ\gamma_g}{4\pi^2 T_{sc}^2 R\varphi}\frac{1}{r^4}\right)\mathrm{d}r \tag{4-56}$$

平面径向流流动方程：

$$\int_{p}^{p_e} K_a \exp\left(\frac{\alpha A}{4}\left(p_i^4 - p^4\right)\right)p\mathrm{d}p = \int_{r}^{r_e}\left(\frac{Q_{sc}p_{sc}ZT\mu_g}{2\pi h T_{sc}}\frac{1}{r} + \frac{3.33\times10^6 Q_{sc}^2 p_{sc}^2 TZ\gamma_g}{4\pi^2 h^2 T_{sc}^2 R\varphi}\frac{1}{r^2}\right)\mathrm{d}r \tag{4-57}$$

令：

$$\varphi(p) = \int \exp\left(\frac{\alpha A}{4}\left(p_i^4 - p^4\right)\right)p\mathrm{d}p \tag{4-58}$$

联立式(4-56)、式(4-57)，半球形向心流流动方程可以表达为

$$\varphi(p) - \varphi(p_w) = \frac{Q_{sc}p_{sc}ZT\mu_g}{2\pi K_a T_{sc}}\left(\frac{1}{r_w} - \frac{1}{r}\right) + \frac{3.33\times10^6 Q_{sc}^2 p_{sc}^2 TZ\gamma_g}{12\pi^2 T_{sc}^2 K_a R\varphi}\left(\frac{1}{r_w^3} - \frac{1}{r^3}\right) \tag{4-59}$$

平面径向流流动方程可以表达为

$$\varphi(p_e) - \varphi(p) = \frac{Q_{sc}p_{sc}ZT\mu_g}{2\pi h K_a T_{sc}}\left(\ln r_e - \ln r\right) + \frac{3.33\times10^6 Q_{sc}^2 p_{sc}^2 TZ\gamma_g}{4\pi^2 h^2 T_{sc}^2 K_a R\varphi}\left(\frac{1}{r} - \frac{1}{r_e}\right) \tag{4-60}$$

未射开气藏分为气藏远端的径向距离(r_e)到水锥底端的径向距离(r_a)的平面径向流，以及在底端的径向距离(r_a)到井底部的径向距离(r_w)的半球向心流(图 4-17)。

第一部分，远井端至水锥底部的平面径向流，气井产能方程为

$$Q_{sc} = \frac{1549.2 H K_a}{TZ\left(\mu_g \ln\dfrac{r_e}{r_a} + \dfrac{2.15\times10^5 Q_{sc}\gamma_g}{HR\varphi}\left(\dfrac{1}{r_a} - \dfrac{1}{r_e}\right)\right)}\left(\varphi(p_e) - \varphi(p)\right) \tag{4-61}$$

第二部分，水锥底部至近井端的球面向心流，气井产能方程为

$$Q_{sc} = \frac{1549.2 K_a}{TZ\left(\mu_g\left(\dfrac{1}{r_w} - \dfrac{1}{r_a}\right) + \dfrac{7.16\times10^4 Q_{sc}\gamma_g}{R\varphi}\left(\dfrac{1}{r_w^3} - \dfrac{1}{r_a^3}\right)\right)}\left(\varphi(p) - \varphi(p_w)\right) \tag{4-62}$$

当渗流由平面径向流转向半球形向心流时，此时的临界点处压力是相等的。联合式(4-61)和式(4-62)得

$$\varphi(p_e) - \varphi(p_w) = \frac{Q_{sc}TZ}{1549.2K_a}\mu_g\left(\frac{1}{H}\ln\frac{r_e}{r_a} + \frac{1}{r_w} - \frac{1}{r_a}\right)$$
$$+ \frac{Q_{sc}\gamma_g}{R\varphi}\left[\frac{2.15\times10^5}{H}\left(\frac{1}{r_a} - \frac{1}{r_e}\right) + 7.16\times10^4\left(\frac{1}{r_w^3} - \frac{1}{r_a^3}\right)\right] \tag{4-63}$$

根据电解实验，$r_a = 1.5H$ 是平面径向流转换成半球形向心流的临界界面。当 $r_a < 1.5H$ 时，井底附近的气体渗流只有半球向心流，此时的气井产能方程为

$$\varphi(p_e) - \varphi(p_w) = \frac{Q_{sc}TZ}{1549.2K_a}\mu_g\left(\frac{1}{H}\ln\frac{r_e}{1.5H} + \frac{1}{r_w} - \frac{1}{1.5H}\right)$$
$$+ \frac{Q_{sc}\gamma_g}{R\varphi}\left[\frac{2.15\times10^5}{H}\left(\frac{1}{1.5H} - \frac{1}{r_e}\right) + 7.16\times10^4\left(\frac{1}{r_w^3} - \frac{1}{3.375H^3}\right)\right] \tag{4-64}$$

令：

$$a = \frac{TZ}{1549.2K_a} \tag{4-65}$$

$$b = \mu_g\left(\frac{1}{H}\ln\frac{r_e}{1.5H} + \frac{1}{r_w} - \frac{1}{1.5H}\right) \tag{4-66}$$

$$e = \frac{\gamma_g}{R\varphi}\left[\frac{2.15\times10^5}{H}\left(\frac{1}{1.5H} - \frac{1}{r_e}\right) + 7.16\times10^4\left(\frac{1}{r_w^3} - \frac{1}{3.375H^3}\right)\right] \tag{4-67}$$

则式(4-64)可以改为

$$aeQ_{sc}^2 + abQ_{sc} - (\varphi(p_a) - \varphi(p_w)) = 0 \tag{4-68}$$

根据求根公式可得

$$Q_{sc} = \frac{-ab + \sqrt{a^2b^2 + 4ae(\varphi(p_e) - \varphi(p_w))}}{2ae} \tag{4-69}$$

3.模型简化

为了分析各参数对高含硫气井见水时间的影响，将式(4-44)和式(4-69)代入式(4-34)得到最终的高含硫气井见水时间表达式：

$$t_p = \frac{4ac\pi\varphi(1 - S_{wi} - S_{gr} - S_s)}{-3abB_g + 3B_g\sqrt{a^2b^2 - 4ac(\varphi(p_e) - \varphi(p_w))}}H^3 \tag{4-70}$$

4.6.3　实例计算与分析

基于普光气田气井现场数据，通过不同的预测模型与新模型进行比较，再与现场数据比较，以此来验证模型的有效性。表 4-3 是所选取的 5 口井的基本参数，表 4-4 是计算结果与现场数据的对比。

表 4-3　5 口高含硫气井基本参数

基本参数	P102-1	P105-1H	P106-2	P203-1	P304-1
气藏温度/K	351.75	351.75	351.75	427.15	378.55
气藏原始压力/MPa	48.33	48.33	48.33	68.50	31.45
气藏孔隙度/%	11.80	8.60	8.20	12.50	8.95
气藏绝对渗透率/μm²	15.72×10^{-3}	9.33×10^{-3}	5.46×10^{-3}	12.05×10^{-3}	2.37×10^{-3}
相对气体密度	0.75	0.75	0.75	0.72	0.72
气体平均黏度/(mPa·s)	2.48×10^{-2}	2.48×10^{-2}	2.48×10^{-2}	2.52×10^{-2}	2.32×10^{-2}
束缚水饱和度	0.18	0.20	0.21	0.26	0.23
残余气饱和度	0.12	0.20	0.16	0.32	0.26
偏差因子	0.97	0.97	0.97	1.37	0.92
供气半径/m	1500	1500	1500	1000	1000
井径/m	0.1	0.1	0.1	0.1	0.1

表 4-4　不同模型比较结果

井号	见水时间/d					相对误差/%			
	现场	本书模型	黄全华模型	Li 模型	Kuo 模型	本书模型	黄全华模型	Li 模型	Kuo 模型
X1	1082	1013	1334	1564	1957	6.38	23.29	16.82	80.87
X2	1445	1366	1676	1588	2297	5.47	15.99	9.90	58.96
X3	1149	1057	1404	1322	1899	8.01	22.19	15.06	65.27
X4	897	812	1271	1053	1589	9.48	41.69	17.39	77.15
X5	1992	1889	2400	2312	2856	5.17	20.48	16.06	43.37

如表 4-4 所示，Kuo 模型(Kuo and Fejer，1972)计算结果与现场数据偏差最大，黄全华模型(黄全华等，2016)精度稍高，Li 模型比前两个模型都精确，但仍然会造成实质偏差。究其原因，Kuo 模型只是通过已知的生产数据进行模拟，而忽略了非达西流、束缚水饱和度、残余气饱和度的影响；黄全华模型考虑了非达西流但是忽略了束缚水、残余气的影响；Li 模型中考虑了束缚水和残余气体的影响，但忽略了非达西流的影响。另外，这三个经典模型都忽略了硫沉积，计算的水锥速度相对较低，因此，模型结果偏大。本书新模型考虑了非达西流、束缚水、残余气和硫沉积的影响，使得模型计算结果低于实际现场数据，但比其他模型的计算结果更准确。造成本书模型不准确的原因是硫溶解度经验模型不够准确，气藏原始压力下硫未能完全在气体中饱和。

通过不同方法和考虑不同因素建立的气井见水时间模型的计算结果相差很大(表 4-4)。同时，式(4-70)是一个拟压力和多因素共同影响的气井见水时间模型，不能直接分析各因素的具体影响。因此，应该讨论一些特定的因素对高含硫气井见水的影响，以便更好地认识这些因素对高含硫气井见水的影响。

通过气井 X2 分析敏感性参数，进一步探讨该模型的可行性和准确性。

1.硫沉积对高含硫气井见水时间的影响

图 4-18 显示了最终硫沉积量与井底压力之间的关系。硫沉积主要发生在压力下降初期，并且在开采后期，随着压力的继续下降，硫析出没有显著增加。不考虑硫沉积的模型适用于常规气藏，即 $S_s = 0$ 和式(4-46)不考虑硫沉积对渗透率影响的情况。

图 4-18 还显示了考虑硫沉积的高含硫气井见水时间和井底压力之间的关系。同一井底压力下，未考虑硫沉积的高含硫气井见水时间高于考虑硫沉积的高含硫气井见水时间，表明硫沉积可以促使气井见水。因为硫沉淀不仅占据孔道，而且损害储层的渗透性，使得流体的流速增加，从而减小高含硫气井见水时间。从图 4-18 中还可看出，气藏开采早期，随着硫沉积的加剧，高含硫气井见水时间加快；气藏开采后期，气井见水时间主要受井底压力的影响，随着压力的减小，见水时间减小。这是因为早期阶段，高含硫气井见水时间主要受硫沉积引起的压力降的影响，而后期主要是受井底压力引起的压力降的影响。

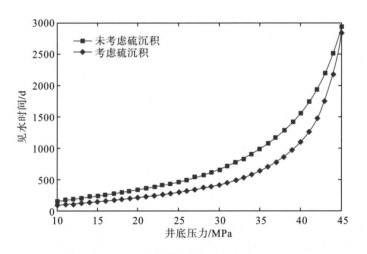

图 4-18　硫沉积对气井见水时间的影响

2.束缚水和残余气对高含硫气井见水时间的影响

图 4-19 显示了储层未射开厚度为 20m 和井底压力为 25 MPa 时的残余气(或束缚水)饱和度与高含硫气井见水时间的关系。从图 4-19 可以看出，残余气饱和度(束缚水饱和度)越大，有效水锥推进速度越大，导致高含硫气井见水时间越短；硫饱和度增大，高含硫气井见水时间减小。图 4-19 还表明束缚水和残余气体对高含硫气井见水时间的影响略有不同，因为束缚水影响硫饱和度和渗透率，而残余气对其无影响。

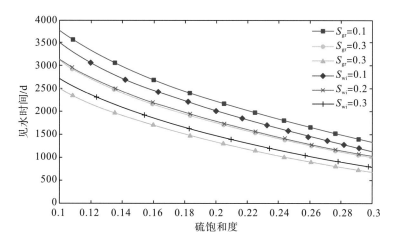

图 4-19　束缚水和残余气对气井见水时间的影响

3.未射开储层厚度对高含硫气井见水时间的影响

图 4-20 显示了井底压力为 25MPa、束缚水饱和度为 0.2、残余气饱和度为 0.2 时未射开储层厚度与高含硫气井见水时间之间的关系。高含硫气井见水时间随着未射开储层厚度的增加而增加，因为较长的推进距离需要更长的驱替时间。因此，射开储层厚度严重影响高含硫气井见水时间。

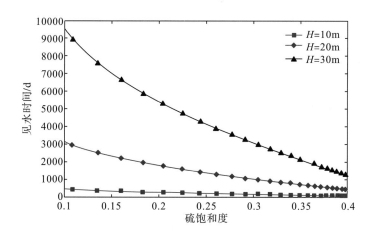

图 4-20　未射开储层厚度对气井见水时间的影响

4.流动状态对高含硫气井见水时间的影响

图 4-21 显示了束缚水饱和度为 0.2、残余气饱和度为 0.2、未射开储层厚度为 20m、井底压力为 25MPa 时流动状态与高含硫气井见水时间之间的关系。当硫饱和度为 0.15 时，达西流情况下的高含硫气井见水时间比非达西流高 6.69%。当高含硫气井见水时间一定时，则要求非达西流情况下的硫饱和度小于达西流情况下的硫饱和度，因为高速非达西流会增加压降，从而增加硫沉积量和水体流动速度。在大多数气藏开采过程中，流体的流动是遵

循达西定律的，但当流速很高(例如，在井筒附近)时，达西定律不能准确描述高速流动的流体。非达西流动明显影响垂直和水平井水锥速度。本书讨论的高含硫气井见水时间是在井筒附近，所以非达西流动的影响是不可忽略的。

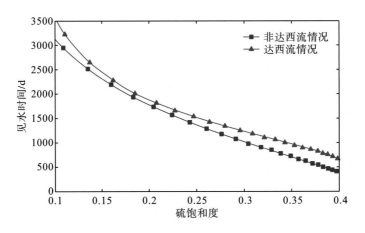

图 4-21　流态对气井见水时间的影响

4.7　高含硫边水气藏气井见水时间预测模型

4.7.1　模型建立与求解

高含硫边水突进的物理模型图如 4-22 所示。假设：
(1)均质储层分布、沉积的硫不运移；
(2)水驱动气为活塞驱替；
(3)气、水黏度和气体偏差系数恒定；
(4)忽略毛管力、重力、储层各向异性和位移过程中的应力敏感性、滑脱效应和表皮因素等的影响。

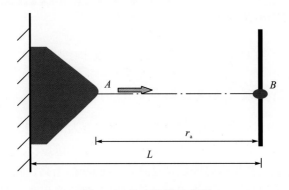

图 4-22　边水锥进示意图

　　某一含有边水的高含硫气藏，其生产井附近为气-水边界(图 4-22)。原始气-水界面与气井的距离为 L，原始气-水界面存在一个质点 A，沿径向流向气井点 B。

　　根据气、水两相流理论，式(4-71)和式(4-72)为气、水渗流方程，其中气相考虑了高速非达西效应。

$$\frac{\mathrm{d}p_{\mathrm{g}}}{\mathrm{d}r} = \frac{\mu_{\mathrm{g}}v_{\mathrm{g}}}{K_{\mathrm{g}}} + \beta\rho_{\mathrm{g}}v_{\mathrm{g}}^2 \tag{4-71}$$

$$\frac{\mathrm{d}p_{\mathrm{w}}}{\mathrm{d}r} = \frac{\mu_{\mathrm{w}}v_{\mathrm{w}}}{K_{\mathrm{w}}} \tag{4-72}$$

式中，K_{w}——水相渗透率，$\mu\mathrm{m}^2$；

　　　K_{g}——气相渗透率，$\mu\mathrm{m}^2$；

　　　p_{g}——气相压力，MPa；

　　　p_{w}——水相压力，MPa；

　　　μ_{w}——水相黏度，Pa·s；

　　　v_{w}——水相流速，$\mathrm{m\cdot d^{-1}}$；

　　　v_{g}——气相流速，$\mathrm{m\cdot d^{-1}}$。

　　由于气、水两相在界面点 A 处的压力相等，得到以下方程：

$$\left(\frac{\mathrm{d}p_{\mathrm{g}}}{\mathrm{d}r}\right)_{r=r_{\mathrm{a}}} = \left(\frac{\mathrm{d}p_{\mathrm{w}}}{\mathrm{d}r}\right)_{r=r_{\mathrm{a}}} \tag{4-73}$$

　　联立式(4-71)、式(4-72)和式(4-73)，求解得到水相速度为

$$v_{\mathrm{w}} = \frac{K_{\mathrm{w}}}{K_{\mathrm{g}}}\cdot\frac{\mu_{\mathrm{g}}}{\mu_{\mathrm{w}}}v_{\mathrm{g}} + 1.157\times10^{-17}\beta\rho_{\mathrm{g}}v_{\mathrm{g}}^2\frac{K_{\mathrm{w}}}{\mu_{\mathrm{w}}} \tag{4-74}$$

其中，

$$v_{\mathrm{g}} = \frac{q}{2\pi hr} \tag{4-75}$$

　　考虑束缚水、残余气体和硫沉积对水突破时间的影响：

$$\mathrm{d}t = \frac{\varphi\left(1-S_{\mathrm{wi}}-S_{\mathrm{gr}}-S_{\mathrm{s}}\right)}{v_{\mathrm{w}}}\mathrm{d}r \tag{4-76}$$

　　联立式(4-74)～式(4-76)得

$$\mathrm{d}t = \frac{4\pi^2 h^2}{q^2}\frac{\mu_{\mathrm{w}}}{K_{\mathrm{w}}}\varphi\left(1-S_{\mathrm{wi}}-S_{\mathrm{gr}}-S_{\mathrm{s}}\right)\left(\frac{r^2}{\dfrac{\mu_{\mathrm{g}}}{K_{\mathrm{g}}}\cdot\dfrac{2\pi h}{q}r + 1.157\times10^{-17}\beta\rho_{\mathrm{g}}}\right)\mathrm{d}r \tag{4-77}$$

　　气藏在未开采之前，$r_{\mathrm{a}} = L$($t_{\mathrm{p}} = 0$)。对式(4-77)进行积分，求解得到考虑沉积和非达西效应的高含硫边水气井见水时间模型表达式：

$$t_p = M_{gw} \cdot \frac{\pi h \varphi}{q} \left(1 - S_{wi} - S_{gr} - S_s\right) L^2 - 1.157 \times 10^{-17} \beta \rho_g \varphi \left(1 - S_{wi} - S_{gr} - S_s\right) M_{gw} \frac{K_g}{\mu_g} L$$

$$+ 1.339 \times 10^{-34} \beta^2 \rho_g^2 \varphi \left(1 - S_{wi} - S_{gr} - S_s\right) M_{gw} \frac{K_g^2}{\mu_g^2} \frac{q}{2\pi h} \ln\left(\frac{\mu_g}{K_g} \frac{2\pi h}{q} L + 1.157 \times 10^{-17} \beta \rho_g\right)$$

$$\tag{4-78}$$

式 (4-78) 中 M_{gw} 为气-水流度比:

$$M_{gw} = \frac{K_{gwi} \mu_w}{K_{wgr} \mu_g} \tag{4-79}$$

仅考虑硫沉积的边水突破时间表达式 (在达西状态下):

$$t_p = M_{gw} \frac{\pi h \varphi \left(1 - S_{wi} - S_{gr} - S_s\right)}{q} L^2 \tag{4-80}$$

为了简化和求取见水时间与硫饱和度的关系,需对硫沉积模型进行简化,产能方程需将硫沉积考虑进去,因为沉积的硫伤害储层渗透率,影响气井产能。因此,下面对高含硫气井产能公式进行了推导。

联立式 (4-71)、式 (4-75) 和式 (4-47),便可以得到以下方程:

$$\int_{p_l}^{p_w} K_a \exp\left(\frac{\alpha A}{4}\left(p_i^4 - p^4\right)\right) dp = \frac{q \mu_g}{2\pi h}\left(\ln L - \ln r_w\right) + \frac{1.15 \times 10^7}{\varphi} \frac{q^2 \rho_g}{4\pi^2 h^2}\left(\frac{1}{r_w} - \frac{1}{L}\right) \tag{4-81}$$

令:

$$C = \int_{p_l}^{p_w} K_a \exp\left(\frac{\alpha A}{4}\left(p_i^4 - p^4\right)\right) dp \tag{4-82}$$

$$D = \frac{\mu_g}{2\pi h}\left(\ln L - \ln r_w\right) \tag{4-83}$$

$$E = \frac{1.15 \times 10^7}{\varphi} \frac{\rho_g}{4\pi^2 h^2}\left(\frac{1}{r_w} - \frac{1}{L}\right) \tag{4-84}$$

式 (4-81) 改为

$$Eq^2 + Dq - C = 0 \tag{4-85}$$

运用求根方法,对式 (4-85) 中的正根求解,可得到考虑硫沉积和非达西效应的产量公式:

$$q = \frac{-D + \sqrt{D^2 + 4EC}}{2E} \tag{4-86}$$

将式 (4-86) 代入式 (4-81) 中求解,便可得到考虑硫沉积的高含硫边水气藏见水时间模型。

4.7.2 实例计算与分析

选取某一高含硫气田,分析部分因素对见水时间的影响。根据气井测试报告,气藏及气井参数如表 4-5 所示。

表 4-5　高含硫气田及气井基本参数

基本参数	取值
气藏温度/K	355.4
气藏原始压力/MPa	48.5
气藏孔隙度/%	8.5
气藏绝对渗透率/μm^2	7.42×10^{-3}
气体相对密度	0.83
气体黏度/(mPa·s)	2.88×10^{-2}
水的黏度/(mPa·s)	0.33
固硫密度/(kg·m^{-3})	2070
偏差因子	0.98
残余气饱和度	0.19
气-水流度比	42.05
束缚水饱和度	0.24
井半径/m	0.1

1. 井底压力对硫沉积和水突破时间的影响

图 4-23 显示了本书新建立的模型和王会强模型(王会强等，2007)及 Wu 模型的差异。三个模型的趋势基本相同，表明本书新建立的模型是可靠的。与其他两种模型比较，本书新的模型考虑了硫沉积的影响，得到了较短的见水时间。硫沉积可以加速气井的边水推进，所以王会强模型和 Wu 模型已不再适用于高含硫气藏边水见水时间模拟。

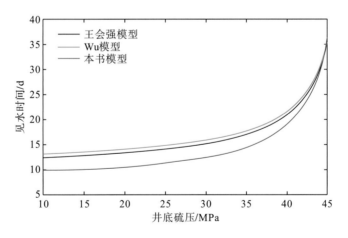

图 4-23　井底压力对硫沉积和水突破时间的影响

2. 硫饱和度对水突破时间的影响

图 4-24 显示了随气井-边水距离的变化硫饱和度与水体突破时间之间的关系。从图 4-24 中可以看出，孔隙中最终硫沉积量越大，水体突破时间越短，说明硫沉积能加快水体突破

时间，对气藏开发有不利影响。这主要是由于孔隙中最终硫沉积量越大，储层渗透率越小，从而压降越大，导致气藏流量越大，最终使水体突破时间越短。气井与水边界距离越远，气藏压力损失越严重，压降越大，硫沉积量越大，会加快气井见水。

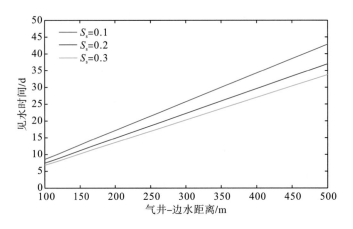

图 4-24　硫沉积对气井见水时间的影响

3.流动状态对气井见水时间的影响

图 4-25 显示了井底压力为 35MPa 时，不同流态下气井见水时间与气井-边水距离间的关系。随着距离的增加，气井见水时间增大。当气井-边水距离为一定值时，非达西流下的气井见水时间比达西流短。气井-边水距离越远，非达西效应对气井见水时间的影响越明显。其原因可能是高速非达西流产生的压降增加，从而导致硫沉积速度与水体流动速度增加，进而加速气井见水时间。因此，非达西流对气井见水时间的影响不容忽视。

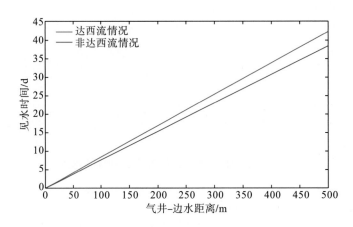

图 4-25　流动状态对气井见水时间的影响

第5章　高含硫气藏水平井硫饱和度预测

近年来，高含硫气田已然成为重要的清洁能源的输送基地。考虑到高含硫气藏开发的特殊性，为了增大储层泄气面积，提高单井控制储量和气井产量，许多高含硫气田开始采用水平井进行"少井高产"开发。水平井在延缓压降、缓解硫析出从而提高高含硫气藏开发效果方面具有明显的优势。尤其在我国川东北地区，高含硫气藏属于超深、高温、高压气藏，水平井完井方式比常规气井具有更好的适应性；且气藏存在广泛的边底水，水平井可以减小生产压差，预防底水锥进，提高气藏采收率，从而在满足气井整个生命周期各种生产要求的同时，实现安全性和经济性的共赢。

近年来，已有少部分学者开展了高含硫气藏水平井硫沉积的相关研究，但已有研究成果仍有待深入和完善。为了准确预测高含硫气藏水平井的硫沉积，在前文分析的基础上，本章从水平井渗流的机理出发，考虑水平井不同渗流阶段的压降公式，建立相应的硫饱和度预测模型，并利用实例气藏数据进行影响因素分析，这对于高含硫气藏水平井开发过程中的硫沉积预测具有一定的指导意义。

5.1　高含硫气藏水平井硫饱和度预测数学模型

5.1.1　预测模型假设条件

(1)气藏渗流为等温过程；

(2)元素硫在载硫气体中的溶解度已达到临界饱和值；

(3)析出的元素硫为液体；

(4)析出的液态硫很难达到临界流动饱和度，因此假设其不随气体运移，即析出后就沉积在岩石孔喉中；

(5)水平井渗流为稳定渗流，并以等产量进行生产。

5.1.2　预测模型分析

1.水平井的渗流场分布

国内外学者对水平井渗流场做过一系列的分析和改进，几乎都是将渗流区域简化分解为远井地带的水平平面渗流和近井地带的垂向平面径向渗流两个部分，并对这两部分的渗流进行进一步的等效转化，处理方法各有不同。水平井的理论渗流区域为如图 5-1 所示的三维椭球，但实际运用时，水平井多运用于薄储层，因此水平井渗流区域只是椭球的一部分，如图 5-2 所示。

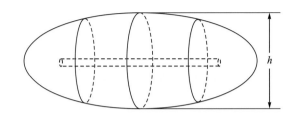

图 5-1　水平井的渗流区域（长椭球体）

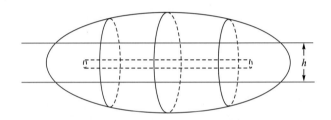

图 5-2　薄储层水平井的实际渗流区域（长椭球体中高为 h 的部分）

图 5-3 为一口位于目的层中央的水平井横向剖面图，在水平井稳定生产的条件下，水平井在水平剖面 FF'（即 xy 平面）上的渗流场分布如图 5-4 所示，在垂直剖面 PP'（即 yz 平面）上的渗流场分布如图 5-5 所示。

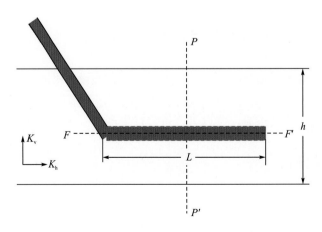

图 5-3　目的层中央的水平井横向剖面图

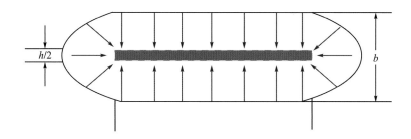

图 5-4　水平井在 FF' 水平剖面(xy 平面)近似椭圆形驱动边界的渗流场

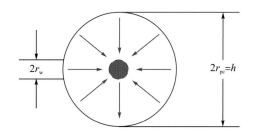

图 5-5　水平井在 PP' 垂直剖面(yz 平面)近井地带流向井底的渗流场

由于目的层的厚度较小，进一步可将图 5-4 中椭圆形驱动边界内的渗流场等效简化为图 5-6 所示的等效三维渗流场，近似分解为：两个长方体(编号 a)、两个近半圆柱体(编号 b)、近井渗流场部分(虚线圆柱体)。

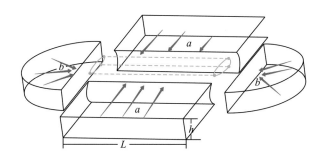

图 5-6　椭圆形边界内渗流场各部分的等效三维流场图

综上所述，把水平井生产时的渗流过程分为两个阶段，第 1 阶段为远井渗流区域水平平面流阶段，流体从地层外边界流到以井筒为圆心、$h/2$ 为半径的近井渗流区域的外边界；第 2 阶段是流体从近井渗流区域的外边界流入水平井井筒内的垂向平面径向流阶段。每个渗流阶段硫饱和预测模型推导的具体情况如下。

1)远井渗流区域水平平面流阶段

(1)编号 a 区域的渗流

编号 a 的矩形渗流区域内为平面线性流，流体流速较小，不必考虑非达西效应对地层压降造成的影响，则运用达西效应的压降公式：

$$\frac{\mathrm{d}p}{\mathrm{d}y} = \frac{\mu_{\mathrm{g}}}{K}v = \frac{\mu_{\mathrm{g}}q_{\mathrm{g}}B_{\mathrm{g}}}{2hLK_{\mathrm{h}}K_{\mathrm{rg}}} \tag{5-1}$$

式中，μ_{g}——气体黏度，mPa·s；

v——渗流速度，m·s^{-1}；

K——平均渗透率，m^2；

K_{h}——水平方向渗透率，m^2；

K_{rg}——气体的相对渗透率；

q_{g}——气井产量，m^3·d^{-1}；

B_{g}——气体体积系数；

L——水平井长度，m；

h——储层厚度，m。

$\mathrm{d}t$ 时刻在距井筒 r 处，压降导致硫的溶解度变化，从气体中析出的元素硫体积为

$$\mathrm{d}V_{\mathrm{s}} = \frac{q_{\mathrm{g}}B_{\mathrm{g}}\dfrac{\mathrm{d}C}{\mathrm{d}p}\mathrm{d}p\mathrm{d}t}{10^6 \rho_{\mathrm{s}}} \tag{5-2}$$

式中，C——硫的溶解度，g·m^{-3}；

ρ_{s}——硫的密度，1.76 g·cm^{-3}（152.5℃，425.65K 时液硫的密度）。

由拟合回归得到的适合于实例气藏的硫溶解度预测模型为

$$C = \rho^{2.1}\exp\left(-7529.7/T + 7.8739\right) \tag{5-3}$$

式中，T——热力学温度，K。

在式(5-3)中代入气体密度表达式：

$$\rho_{\mathrm{g}} = \frac{M_{\mathrm{a}}\gamma_{\mathrm{g}}}{ZRT}p \tag{5-4}$$

式中，ρ_{g}——气体密度，kg·m^{-3}；

M_{a}——空气相对分子质量；

γ_{g}——气体相对密度；

Z——压缩因子；

R——通用气体常数，0.008314 MPa·m^3·kmol^{-1}·K^{-1}。

并对其进行求导得

$$\frac{\mathrm{d}C}{\mathrm{d}p} = 2.1\left(\frac{M_{\mathrm{a}}\gamma_{\mathrm{g}}}{ZRT}\right)^{2.1}\exp(-7529.7/T + 7.8739)p^{1.1} \tag{5-5}$$

研究区域气藏的孔隙体积为

$$\mathrm{d}V = 2hL\mathrm{d}y\varphi\left(1 - S_{\mathrm{wi}}\right) \tag{5-6}$$

式中，φ——地层孔隙度；

S_{wi}——原始含水饱和度。

则根据元素硫饱和度的定义计算如下：

$$dS_s = \frac{q_g B_g \left(\dfrac{dC}{dp}\right) dp dt}{2hLdy\varphi\left(1-S_{wi}\right)10^6 \rho_s} \tag{5-7}$$

将式 (5-1) 代入式 (5-7) 整理后得到

$$\frac{dS_s}{dt} = 0.25\times10^{-2}\times\frac{\mu_g q_g^2 B_g^2}{h^2 L^2 K_h K_{rg}\varphi(1-S_{wi})\rho_s}\left(\frac{dC}{dp}\right) \tag{5-8}$$

Kuo 和 Fejer(1972) 建立的硫饱和度与气体相渗之间的关系式为

$$K_{rg} = \exp\left(\alpha S_s\right) \tag{5-9}$$

式中，α——系数，通过实验资料拟合得到。

Fadairo 等 (2010) 提出的孔隙度伤害模型：

$$\varphi = \varphi_i e^{\left(\frac{\alpha S_s}{m}\right)} \tag{5-10}$$

式中，φ_i——地层原始孔隙度；

m——系数，通过实验资料拟合得到。

气藏在开采的过程中由于压力降低会产生应力敏感现象，而应力敏感对气藏有效渗透率的影响可以用如下表达式进行表示：

$$K = K_i \exp\left[-\lambda\left(p_i - p\right)\right] \tag{5-11}$$

式中，p_i——地层原始压力，MPa；

K_i——初始地层的绝对渗透率，$10^{-3}\mu m^3$；

λ——系数，通过实验资料拟合得到。

将式 (5-9)～式 (5-11) 代入式 (5-8)：

$$\begin{aligned}
\frac{dS_s}{dt} &= 0.25\times10^{-2}\times\frac{\mu_g q_g^2 B_g^2\left(\dfrac{dC}{dp}\right)}{\rho_s h^2 L^2 (1-S_{wi})\varphi_i K_{hi} e^{-\lambda(p_i-p)+\left(1+\frac{1}{m}\right)\alpha S_s}} \\
&= 1.42\times10^{-3}\times\frac{\mu_g q_g^2 B_g^2\left(\dfrac{dC}{dp}\right)}{h^2 L^2 (1-S_{wi})\varphi_i K_{hi} e^{-\lambda(p_i-p)+\left(1+\frac{1}{m}\right)\alpha S_s}}
\end{aligned} \tag{5-12}$$

式中，K_{hi}——水平方向初始渗透率，$10^{-3}\mu m^3$。

气体的体积系数 B_g 用下式来计算：

$$B_g = \frac{p_{sc}}{Z_{sc}T_{sc}}\frac{ZT}{p} \tag{5-13}$$

式中，p_{sc}——标准状况下的压力，MPa；

T_{sc}——标准状况下的温度，K；

Z_{sc}——标准状况下的偏差系数。

将式 (5-5)、式 (5-13) 代入式 (5-12) 可得

$$\frac{dS_s}{dt} = 3.57 \times 10^{-10} \times \frac{\mu_g q_g^2 \dfrac{(M_a \gamma_g)^{2.1}}{Z^{0.1} R^{2.1} T^{0.1}} \exp(-7529.7/T + 7.8739)}{h^2 L^2 (1 - S_{wi}) \varphi_i K_{hi} \, e^{-\lambda(p_i - p) + \left(1 + \frac{1}{m}\right) \alpha S_s} p^{0.9}} \tag{5-14}$$

为便于计算，定义：

$$A = 3.57 \times 10^{-10} \times \frac{\mu_g q_g^2 \dfrac{(M_a \gamma_g)^{2.1}}{Z^{0.1} R^{2.1} T^{0.1}} \exp(-7529.7/T + 7.8739)}{h^2 L^2 (1 - S_{wi}) \varphi_i K_{hi}} \tag{5-15}$$

$$a = e^{-\lambda(p_i - p)} = K / K_i \tag{5-16}$$

式中，a——应力敏感影响系数。

假设初始条件为：$t=0$，$S_s=0$。对式(5-15)进行分离变量并积分，整理化简可得

$$t = \frac{a p^{0.9}}{A} \int_0^{S_s} e^{\left(1 + \frac{1}{m}\right) \alpha S_s} dS_s \tag{5-17}$$

不考虑应力敏感则系数 a 为 1。

(2) 编号 b 区域的渗流

编号 b 的两个半圆柱体气体渗流区域合并处理为平面径向流，如图 5-7 所示。

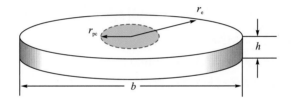

图 5-7　编号 b 合并后的等效拟圆柱体

同为远井区域，流体流速较小，不必考虑非达西效应对地层压降造成的影响，则达西效应的压降公式为

$$\frac{dp}{dr} = \frac{\mu_g}{K} v = \frac{\mu_g q_g B_g}{2\pi r h K_h K_{rg}} \tag{5-18}$$

dt 时刻在距井筒 r 处，由于压降导致硫的溶解度变化而从气体中析出的元素硫体积为

$$dV_s = \frac{q_g B_g \dfrac{dC}{dp} dp dt}{10^6 \rho_s} \tag{5-19}$$

两个半圆柱体合并后的研究区域的孔隙体积为

$$dV = 2\pi r h dr \varphi (1 - S_{wi}) \tag{5-20}$$

同理，元素硫饱和度计算公式如下：

$$dS_s = 9.04 \times 10^{-8} \frac{q_g B_g}{r h \varphi (1 - S_{wi})} \frac{dC}{dp} \frac{dp}{dr} dt \tag{5-21}$$

将式(5-5)、式(5-9)、式(5-10)、式(5-11)、式(5-18)代入式(5-21)中整理后得

$$\frac{\mathrm{d}S_{\mathrm{s}}}{\mathrm{d}t} = 4.17 \times 10^{-11} \times \frac{\mu_{\mathrm{g}} q_{\mathrm{g}}^{2} \dfrac{(M_{\mathrm{a}} \gamma_{\mathrm{g}})^{2.1}}{Z^{0.1} R^{2.1} T^{0.1}} \exp(-7529.7 / T + 7.8739)}{r^{2} h^{2} (1 - S_{\mathrm{wi}}) \varphi_{\mathrm{i}} K_{\mathrm{hi}}\, \mathrm{e}^{-\lambda(p_{\mathrm{i}} - p) + \left(1 + \frac{1}{m}\right)\alpha S_{\mathrm{s}}} p^{0.9}} \tag{5-22}$$

为便于计算，定义：

$$B = 4.17 \times 10^{-11} \times \frac{\mu_{\mathrm{g}} q_{\mathrm{g}}^{2} \dfrac{(M_{\mathrm{a}} \gamma_{\mathrm{g}})^{2.1}}{Z^{0.1} R^{2.1} T^{0.1}} \exp(-7529.7 / T + 7.8739)}{r^{2} h^{2} (1 - S_{\mathrm{wi}}) \varphi_{\mathrm{i}} K_{\mathrm{hi}}} \tag{5-23}$$

假设初始条件为：$t=0$，$S_{\mathrm{s}}=0$。结合式(5-16)，对式(5-22)进行分离变量并积分，整理化简可得

$$t = \frac{a p^{0.9}}{B} \int_{0}^{S_{\mathrm{s}}} \mathrm{e}^{\left(1 + \frac{1}{m}\right)\alpha S_{\mathrm{s}}} \mathrm{d}S_{\mathrm{s}} \tag{5-24}$$

2) 近井渗流区域垂向平面径向流阶段

流体完成远井区域的水平渗流后，进入垂向平面径向流阶段，流体从近井圆柱体渗流场的外边缘流入水平井井筒内，如图 5-8 所示。

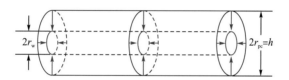

图 5-8　垂向平面径向渗流示意图

近井地带流体处于高速非达西渗流状态，需考虑非达西效应对地层压降造成的影响。Forchheimer(1901)提出的非达西渗流的压降公式为

$$\frac{\mathrm{d}p}{\mathrm{d}r} = \frac{\mu_{\mathrm{g}}}{K} v + \beta \rho_{\mathrm{g}} v^{2} \tag{5-25}$$

式中，β——高速速度系数，m^{-1}；

　　　v——渗流速度，$\mathrm{m \cdot s^{-1}}$；

　　　r——径向渗流半径，m。

$\mathrm{d}t$ 时刻在距井筒 r 处，压降导致硫的溶解度变化，从气体中析出的元素硫体积为

$$\mathrm{d}V_{\mathrm{s}} = \frac{q_{\mathrm{g}} B_{\mathrm{g}} \left(\dfrac{\mathrm{d}C}{\mathrm{d}p}\right) \mathrm{d}p \mathrm{d}t}{10^{6} \rho_{\mathrm{s}}} \tag{5-26}$$

研究区域的孔隙体积为

$$\mathrm{d}V = 2\pi r L \mathrm{d}r \varphi (1 - S_{\mathrm{wi}}) \tag{5-27}$$

同理，元素硫饱和度计算公式如下：

$$\mathrm{d}S_{\mathrm{s}} = 9.04 \times 10^{-8} \frac{q_{\mathrm{g}} B_{\mathrm{g}}}{r L \varphi (1 - S_{\mathrm{wi}})} \frac{\mathrm{d}C}{\mathrm{d}p} \frac{\mathrm{d}p}{\mathrm{d}r} \mathrm{d}t \tag{5-28}$$

将式(5-25)代入式(5-28)后并整理得到

$$\frac{dS_s}{dt} = 9.04 \times 10^{-8} \left(\frac{\mu_g q_g B_g \frac{dC}{dp}}{rL\varphi KK_{rg}(1-S_{wi})} \times v + \frac{\beta \rho_g q_g B_g \frac{dC}{dp}}{rL\varphi(1-S_{wi})} \times v^2 \right) \tag{5-29}$$

式中，任一径向截面的渗流速度可表示为 $v = 1.157 \times 10^{-5} \frac{q_g B_g}{2\pi rL}$，$\mathrm{m \cdot s^{-1}}$；非达西流渗流系数计算式表达为 $\beta = 7.644 \times 10^{10} / K^{3/2}$，单位为 $\mathrm{m^{-1}}$，其中渗透率的单位为 mD。

将 v、β 代入式(5-29)整理可得

$$\frac{dS_s}{dt} = 1.67 \times 10^{-4} \frac{\mu_g q_g^2 B_g^2 \frac{dC}{dp}}{r^2 L^2 \varphi KK_{rg}(1-S_{wi})} + 2.35 \times 10^{-14} \frac{\rho_g q_g^3 B_g^3 \frac{dC}{dp}}{r^3 L^3 \varphi (KK_{rg})^{1.5}(1-S_{wi})} \tag{5-30}$$

平均渗透率可由下式求得：

$$K = \sqrt{K_h K_v} \tag{5-31}$$

式中，K——平均渗透率，mD；

K_v——垂向渗透率，mD。

将式(5-4)、式(5-5)、式(5-9)、式(5-10)、式(5-11)以及式(5-31)代入式(5-30)并整理后得

$$\begin{aligned} \frac{dS_s}{dt} &= 4.17 \times 10^{-11} \times \frac{\mu_g q_g^2 \frac{(M_a \gamma_g)^{2.1}}{Z^{0.1} R^{2.1} T^{0.1}} \exp(-7529.7/T + 7.8739)}{r^2 L^2 (1-S_{wi})\varphi_i \sqrt{K_{hi} K_{vi}} \, \mathrm{e}^{-\lambda(p_i-p)+\left(1+\frac{1}{m}\right)\alpha S_s} p^{0.9}} \\ &\quad + 2.05 \times 10^{-24} \frac{q_g^3 \frac{(M_a \gamma_g)^{3.1}}{z^{0.1} R^{3.1} T^{0.1}} \exp(-7529.7/T + 7.8739)}{r^3 L^3 (1-S_{wi})\varphi_i (K_{hi} K_{vi})^{0.75} \, \mathrm{e}^{-1.5\lambda(p_i-p)+1.5\alpha S_s + \frac{\alpha}{m} S_s} p^{0.9}} \end{aligned} \tag{5-32}$$

为便于计算，定义：

$$\begin{cases} C = 4.17 \times 10^{-11} \times \dfrac{\mu_g q_g^2 \frac{(M_a \gamma_g)^{2.1}}{Z^{0.1} R^{2.1} T^{0.1}} \exp(-7529.7/T + 7.8739)}{r^2 L^2 (1-S_{wi})\varphi_i \sqrt{K_{hi} K_{vi}}} \\[4mm] D = 2.05 \times 10^{-24} \times \dfrac{q_g^3 \frac{(M_a \gamma_g)^{3.1}}{Z^{0.1} R^{3.1} T^{0.1}} \exp(-7529.7/T + 7.8739)}{r^3 L^3 (1-S_{wi})\varphi_i (K_{hi} K_{vi})^{0.75}} \\[4mm] b = \mathrm{e}^{-0.5\lambda(p_i-p)} = (K/K_i)^{0.5} \end{cases} \tag{5-33}$$

假设初始条件为：$t=0$，$S_s=0$。对式(5-32)进行分离变量并积分，整理可得

$$t = \frac{b^2 p^{0.9}}{C} \int_0^{S_s} \frac{\mathrm{e}^{1.83\alpha S_s}}{\mathrm{e}^{0.5\alpha S_s} + \dfrac{D}{Cb}} dS_s \tag{5-34}$$

不考虑应力敏感则系数 b 为 1。

2.模型中参数的处理

本书采用 DPR 方法并结合 GXQ 校正对偏差系数进行处理。其中，DPR 方法适用于非烃组分含量少的情况，有较高的计算精度，适用于川东北区高温高压条件下天然气偏差系数的计算；GXQ 校正适用于 H_2S、CO_2 等非烃组分含量较高的情况，需要对拟临界参数进行校正。

$$Z = 1 + \left(A_1 + \frac{A_2}{T_{pr}} + \frac{A_3}{T_{pr}^3} \right)\rho_{pr} + \left(A_4 + \frac{A_5}{T_{pr}} \right)\rho_{pr}^2 \tag{5-35}$$
$$+ \frac{A_6}{T_{pr}} + \frac{A_7}{T_{pr}^3}\left(1 + A_8\rho_{pr}^2 \right)\rho_{pr}^2 \exp\left(-A_8\rho_{pr}^2 \right)$$

式中，ρ_{pr}——拟对比密度，$\rho_{pr} = 0.27\left(\frac{p_{pr}}{zT_{pr}} \right)$，$p_{pr} = \frac{p}{p_c}$，$T_{pr} = \frac{T}{T_c}$。

$A_1 \sim A_8$ 取值如表 5-1 所示。

表 5-1　模型中的常数取值

A_1	A_2	A_3	A_4	A_5	A_6	A_7	A_8
0.31506	−1.04671	−0.57833	0.53531	−0.6123	−0.10489	0.68157	0.68447

GXQ 校正所采用的公式如下：
$$T_c = T_m - C_{wa} \tag{5-36}$$
$$p_c = T_c \sum\left(x_i p_{ci} \right) / \left[T_c + x_1(1 - x_1)C_{wa} \right] \tag{5-37}$$
$$T_m = \sum_{i=1}^{n}\left(x_i T_{ci} \right) \tag{5-38}$$
$$C_{wa} = \frac{1}{14.5038}\left| 120 \times \left| (x_1 + x_2)^{0.9} - (x_1 + x_2)^{1.6} \right| + 15(x_1^{0.5} - x_1^4) \right| \tag{5-39}$$

式中，T_m——临界温度，K；

C_{wa}——临界参数校正系数；

T_c——校正后的临界温度，K；

p_c——校正后的临界压力，MPa；

x_1——体系中 H_2S 的摩尔分数；

x_2——体系中 CO_2 的摩尔分数。

同样，气体黏度根据 Standing 校正法和 Dempsey 模型计算。Dempsey 计算气体黏度的公式为

$$\ln\frac{\mu_g T_r}{\mu_1} = A_0 + A_1 p_r + A_2 p_r^2 + A_3 p_r^3 + T_r\left(A_4 + A_5 p_r + A_6 p_r^2 + A_7 p_r^3 \right)$$
$$+ T_r^2\left(A_8 + A_9 p_r + A_{10} p_r^2 + A_{11} p_r^3 \right) + T_r^3\left(A_{12} + A_{13} p_r + A_{14} p_r^2 + A_{15} p_r^3 \right) \tag{5-40}$$
$$\mu_1 = \left(1.709 \times 10^{-5} - 2.062 \times 10^{-6}\gamma_g \right)(1.8T + 32) + 8.188 \times 10^{-3} - 6.15 \times 10^{-3}\lg\gamma_g$$

式中，$A_0 \sim A_{15}$——常数；

　　　μ_1——1 个大气压下、给定温度时某一单组分的气体黏度，mPa·s；

　　　μ_g——气体黏度，mPa·s；

　　　T_r、p_r——对比温度和对比压力。

Standing 校正公式为

$$\mu_1' = (\mu_1)_{un} + \mu_{N_2} + \mu_{CO_2} + \mu_{H_2S} \tag{5-41}$$

式中，μ_{H_2S}——硫化氢黏度校正值，mPa·s；

　　　μ_{CO_2}——二氧化碳黏度校正值，mPa·s；

　　　μ_{N_2}——氮气黏度校正值，mPa·s；

　　　$(\mu_1)_{un}$——烃类气体的黏度值，mPa·s；

　　　μ_1'——进行 Standing 校正后的气体黏度，mPa·s。

5.2　高含硫气藏水平井硫饱和度影响因素分析

　　采用 YB 高含硫气藏实际数据对影响因素进行分析，该气藏具体的资料如表 5-2～表 5-4 所示。

表 5-2　气藏基本参数表

参数	数值	参数	数值
气藏温度/℃	152.5	气藏原始压力/MPa	66.52
平均初始孔隙度	0.09	水平方向绝对渗透率/mD	1.5
束缚水饱和度	0.24	储层厚度/m	51.3
气体偏差系数	1.305	气体平均黏度/(mPa·s)	0.0352
密度/(g·cm⁻³)	0.2506	井筒内径/m	0.076
水平井生产段长度/m	682.8	气藏储量/(10^8m³)	17

表 5-3　YB1H 井天然气组成表

气体含量(摩尔分数)/%						相对密度
CH₄	H₂	N₂	CO₂	He	H₂S	
86.31	0.5	0.245	6.395	0.01	6.55	0.6514

表 5-4　预测模型分析参数表

α	m	M_a	R/(MPa·m³·kmol⁻¹·K⁻¹)	ρ_s/(g·cm⁻³)
-6.22	3	28.97	0.008315	2.07

5.2.1　不同渗流阶段的硫沉积对比

　　前文将水平井的渗流阶段划分成远井渗流区域水平平面流阶段和近井渗流区域垂向平面径向流阶段，其中又将远井水平平面流等效划分成水平平面线性流和水平平面径向流两部分。这 3 个部分具有不同的渗流机理，其相应的硫饱和度预测模型完全不同，这里进行对比分析以了解不同渗流阶段的硫沉积情况。图 5-9 为相同配产下水平井不同渗流阶段硫饱和度的对比曲线。

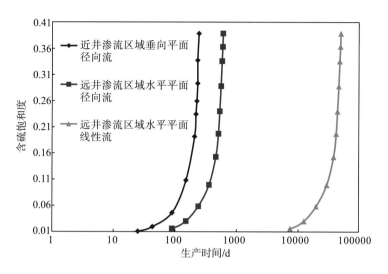

图 5-9　水平井不同渗流阶段硫饱和度对比曲线

从图 5-9 中可以看出，近井渗流区域垂向平面径向流阶段考虑了非达西流，造成较大压降，加速了硫沉积，含硫饱和度值明显高于远井渗流区域；而对于远井渗流区域，当研究半径取远、近井渗流区域分界处时（即 $r=h/2$），相同生产时间下，远井渗流区域水平平面径向流区域硫沉积的速度明显高于远井渗流区域水平平面线性流区域，这说明远井渗流区域元素硫沉积更容易发生在水平井水平段的两端，且越靠近水平井跟部或趾部处，硫沉积越严重。

因此，研究水平井硫沉积预测模型时可只考虑近井渗流区域垂向平面径向流阶段。除了近井区域硫沉积比较严重外，水平井远井部分的硫沉积则要着重关注水平井两端，这样有利于选择合适位置进行压裂，有效解除地层污染，防止硫沉积堵塞带来的产能损失。

5.2.2　产量的影响

图 5-10 为不同气井配产（q）影响下水平井硫饱和度对比图。如图所示，在其他条件相同的情况下，气井配产越高，某一时间产生的硫沉积越多。因此，在开采高含硫气藏之初，一定要注意对水平井进行合理配产，同时在气井生产的过程中也要注意合理控制并调整气井产量，这样既能实现一定的经济效益，又能尽量防止硫沉积堵塞地层。若发生硫沉积堵塞，可以采用压裂方式有效解除近井地带污染，防止情况进一步恶化，从而在尽量不影响气井产能的情况下有效地采出天然气。

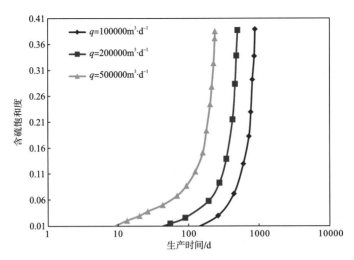

图 5-10 不同气井配产影响下水平井硫饱和度对比图

由图 5-10 还可以发现：在生产初期，水平井硫饱和度的上升趋势较平缓，随着生产的进行，水平井硫饱和度开始急剧上升。其主要原因是水平井近井地带沉积下来的硫使得地层孔隙度和渗透率不断地减小，加速了水平井近井段的压降，使得硫沉积的速度加快，形成一个循环，不断加速硫沉积。综上可以看出，水平井产量对硫沉积速度及程度均具有较大的影响。研究水平井产量的影响规律对于指导后期水平井产量的调整、减缓硫沉积的速度及延长气井的生产时间具有较为重要的意义。

5.2.3 地层压力的影响

地层压力变化，气体的黏度、偏差系数、密度、体积系数以及硫的溶解度变化值等与地层压力相关的气体参数均会发生较大变化，从而对水平井近井地带的含硫饱和度造成影响。不同地层压力影响下的水平井硫沉积情况如图 5-11 所示。

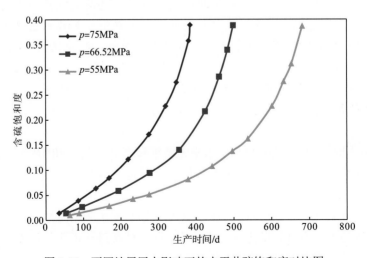

图 5-11 不同地层压力影响下的水平井硫饱和度对比图

从图 5-11 可以看出,当压力(p)为 55MPa 时,水平井生产 685d 时含硫饱和度达到 0.39;压力为实际地层压力(66.52MPa)时,达到相应含硫饱和度的生产时间为 501d;而压力变为 75MPa 时,水平井硫沉积的速度变得更快,达到相应含硫饱和度的生产时间为 386d。因此需要考虑模型中与压力相关的参数的变化,使得对硫沉积的预测更加准确。

5.2.4　应力敏感的影响

应力敏感是指由于地层压力降低导致储层的绝对渗透率减小。当渗透率损失百分比 SI_p 低于 0.1 时(0.95$<a<$1),为弱应力敏感;当 0.1$\leq SI_p<$0.3 时(0.84$<a<$0.95),为中等应力敏感;当 $SI_p\geq$0.3($a<$0.84)时,为强应力敏感。

图 5-12 为不同储层岩石应力敏感情况下的水平井硫饱和度对比图($q=20\times10^4 m^3 \cdot d^{-1}$)。

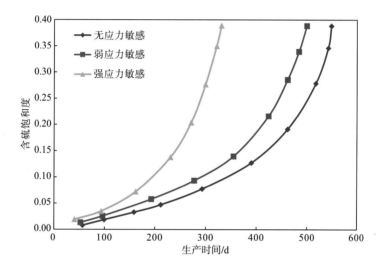

图 5-12　不同储层岩石应力敏感情况下的水平井硫饱和度对比图

从图 5-12 可以看出,储层岩石应力敏感对水平井硫沉积有较大影响。相同的生产时间,岩石应力敏感较强的储层产生的硫沉积较严重。因为在气井的生产过程中,地层压力不断下降,较强的应力敏感会导致更严重的渗透率伤害,从而加剧硫沉积。当硫饱和度为 0.39 时,不考虑应力敏感时生产时间为 550d,弱应力敏感($a=$0.97)情况下生产时间为 501d,强应力敏感($a=$0.81)情况下生产时间为 332d。

5.2.5　水平井水平段长度的影响

图 5-13 为不同水平井段长度的水平井的硫饱和度对比图($q=20\times10^4 m^3 \cdot d^{-1}$)。

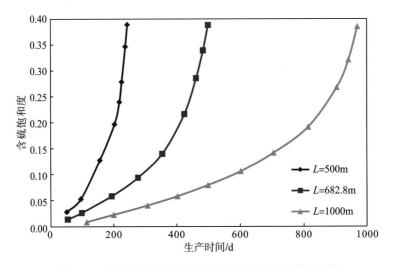

图 5-13　不同水平井段长度的水平井的硫饱和度对比图

由图 5-13 可以看出，随着水平井段长度的增加，硫沉积的速度显著减缓，当水平井段长度为 500m，达到 0.39 的含硫饱和度的生产时间为 244d，水平井段长度为 1000m 时相应的生产时间为 972d。因此，从硫沉积方面考虑，在其他条件相同的情况下，水平井段越长，越不容易发生硫沉积，选择合适的水平井段长度的水平井对于高含硫气藏的开发是有利的。

5.2.6　储层各向异性的影响

水平井硫沉积的影响因素还包括储层的各向异性，可通过地层的垂向渗透率系数(K_v/K_h)来研究储层各向异性对硫沉积的影响。图 5-14 为不同储层各向异性情况下的水平井硫饱和度对比图$(q=20\times10^4\,\mathrm{m}^3\cdot\mathrm{d}^{-1})$。

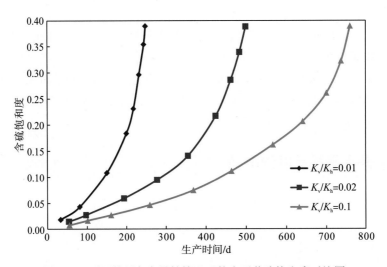

图 5-14　不同储层各向异性情况下的水平井硫饱和度对比图

　　由图 5-14 可以看出，储层各向异性越强，地层的垂向渗透率系数 (K_v/K_h) 越小，越容易发生硫沉积。当水平渗透率为垂直渗透率的 10 倍时，含硫饱和度达到 0.39 时的气井生产时间为 761d；而当水平渗透率为垂直渗透率 100 倍时，地层硫饱和度迅速增加，只需生产 249d 便可达到相应的含硫饱和度。

第6章　高含硫底水气藏水平井产能

底水气藏大量存在于油气田开发实际中，建立底水气藏水平井产能分析的理论和方法，有助于了解影响底水气藏水平井产能的因素，对高含硫底水气藏水平井产能预测、配产等气藏工程问题都具有重要的意义。

6.1　底水气藏水平井产能公式的建立

为使所推导的水平井产能公式更加符合实际地层渗流特征，本书利用 Joshi 方法将水平井的三维空间渗流问题简化为两个二维空间渗流，即将水平井渗流问题转化为垂直平面径向流及水平平面的平面拟径向流，底水气藏水平井渗流场分解如图 6-1 所示。

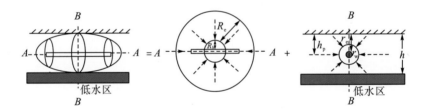

图 6-1　底水气藏水平井渗流场分解图

假设底水气藏顶面封闭，底面与水体连接，压力恒定，气体渗流为稳定流动。应用 Joshi 方法，分别求出水平方向和垂直方向的产量。

定义拟压力为

$$\psi = 2\int_{p_a}^{p}\frac{p}{\mu(p)Z(p)}\mathrm{d}p \tag{6-1}$$

式中，p——压力，Pa；

p_a——原始地层压力，Pa。

1.水平面内的产量

在水平井的水平面内，水平泄气区域为一个短半轴为 b，长半轴为 a 的椭圆。利用 $z = L\mathrm{ch}\omega/2$ 进行保角变换(图 6-2)，其中 L 为水平井长度，将椭圆形渗流变换成带状渗流，即将 z 平面上半部分变换为 ω 平面中宽为 π 的带状气层，z 平面内的 A、O、B 点分别对应于 ω 平面内的 A'、O'、B' 点。

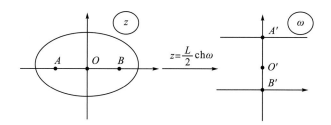

图 6-2　底水气藏水平井水平面内的保角变换

由定义有 $z = x + \mathrm{i}y$，则：

$$z = \frac{L}{2}\mathrm{ch}\omega = x + \mathrm{i}y = \frac{L}{2}\left[\frac{1}{2}(\mathrm{e}^{\varepsilon+\mathrm{i}\tau} + \mathrm{e}^{-\varepsilon-\mathrm{i}\tau})\right]$$
$$= \frac{L}{4}\left[(\mathrm{i}\sin\tau + \cos\tau)\mathrm{e}^{\varepsilon} + (\cos\tau - \mathrm{i}\sin\tau)\mathrm{e}^{-\varepsilon}\right] = \frac{L}{2}\cos\tau\,\mathrm{ch}\varepsilon + \mathrm{i}\frac{L}{2}\sin\tau\,\mathrm{sh}\varepsilon \tag{6-2}$$

由式（6-2）可得

$$x = \frac{L}{2}\cos\tau\,\mathrm{ch}\varepsilon，\quad y = \frac{L}{2}\sin\tau\,\mathrm{sh}\varepsilon \tag{6-3}$$

将变量 τ 消去，得到等势线方程为

$$\frac{x^2}{(L/2)^2\mathrm{ch}^2\varepsilon} + \frac{y^2}{(L/2)^2\mathrm{sh}^2\varepsilon} = 1 \tag{6-4}$$

由式（6-4）可知，方程为椭圆的解析表达式，椭圆的焦距为 $\dfrac{L}{2}$，短半轴 $b = \dfrac{L}{2}\mathrm{sh}\varepsilon$，长半轴 $a = \dfrac{L}{2}\mathrm{ch}\varepsilon$。

气水边界和水平井井底处的势差为

$$\Delta\varPhi = \frac{Q_\mathrm{h}}{2\pi}\varepsilon \tag{6-5}$$

式中，Q_h——水平面的产量，$\mathrm{m}^3\cdot\mathrm{d}^{-1}$。

其中，

$$\varepsilon = \mathrm{arch}\frac{a}{(L/2)} = \ln\left[\frac{a + \sqrt{a^2 - (L/2)^2}}{L/2}\right] \tag{6-6}$$

将 $a = \dfrac{L}{2}\mathrm{ch}\varepsilon$，$b = \dfrac{L}{2}\mathrm{sh}\varepsilon$ 代入式（6-5）、式（6-6）可得水平井水平面内的产量公式：

$$Q_\mathrm{h} = \frac{2\pi Kh}{T\mu_\mathrm{g}Z}\frac{T_\mathrm{sc}Z_\mathrm{sc}}{p_\mathrm{sc}}\frac{(p_\mathrm{e}^2 - p_\mathrm{wf}^2)}{\ln\left[\dfrac{a + \sqrt{a^2 - (L/2)^2}}{L/2}\right]} \tag{6-7}$$

式中，K——气层有效渗透率，$\mu\mathrm{m}^2$；

　　　p_e——供给压力，Pa；

　　　p_wf——井底流压，Pa；

　　　sc——标准状况下；

h——地层厚度，m；

μ_g——气体黏度，mPa·s。

2.垂直面内的产量

设底水气藏是顶部存在封闭的盖层，底面为恒压边界的底水区。气-水界面上方 z_w 处为水平井井筒，井筒半径为 r_w，气藏厚度为 h，水平井长度为 L，原始气藏供给压力为 p_e，垂直方向气井产量为 Q_v，如图 6-3 所示。

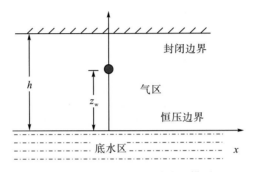

图 6-3　底水气藏水平井物理模型

根据镜像反映原理，在 yz 平面内，将有限区域气藏内的水平采气井反映为无限大空间的水平注入井与水平采气井交互排列的井排。注水井坐标为 $(0, 2h+4nh+z_w)$ 和 $(0, 4nh-z_w)$；生产井坐标 $(0, 2h+4nh-z_w)$ 和 $(0, 4nh+z_w)$，$n=0, \pm 1, \pm 2, \pm 3, \cdots$。

设 $q_v = Q_v / (2\pi L)$。由叠加原理可以得到，在 yz 平面气层中任一点的势为

$$\Phi(y,z) = \frac{q_v}{2} \sum_{-\infty}^{+\infty} \ln \left\{ \frac{\left[y^2 + (z-2h-4nh+z_w)^2 \right]\left[y^2 + (z-4nh-z_w)^2 \right]}{\left[y^2 + (z-2h-4nh-z_w)^2 \right]\left[y^2 + (z-4nh+z_w)^2 \right]} \right\} + C \tag{6-8}$$

式中，Φ——势函数；

C——常数。

根据贝塞特公式有

$$\sum_{-\infty}^{+\infty} \ln \left[(x-y_1)^2 + (y-2nh-y_1)^2 \right] = \ln \left[\operatorname{ch} \frac{\pi(x-y_1)}{h} - \cos \frac{\pi(y-y_1)}{h} \right] \tag{6-9}$$

利用式(6-9)将式(6-8)简化为

$$\Phi(y,z) = \frac{q_v}{2} \ln \frac{\left[\operatorname{ch} \dfrac{\pi y}{2h} + \cos \dfrac{\pi(z+z_w)}{2h} \right]\left[\operatorname{ch} \dfrac{\pi y}{2h} - \cos \dfrac{\pi(z-z_w)}{2h} \right]}{\left[\operatorname{ch} \dfrac{\pi y}{2h} + \cos \dfrac{\pi(z-z_w)}{2h} \right]\left[\operatorname{ch} \dfrac{\pi y}{2h} - \cos \dfrac{\pi(z+z_w)}{2h} \right]} + C \tag{6-10}$$

设气-水界面处势为 Φ_e，代入可得气层中任一点的势分布为

$$\Phi(y,z) = \Phi_e - \frac{q_v}{2} \ln \frac{\left[\operatorname{ch} \dfrac{\pi y}{2h} + \cos \dfrac{\pi(z-z_w)}{2h} \right]\left[\operatorname{ch} \dfrac{\pi y}{2h} - \cos \dfrac{\pi(z+z_w)}{2h} \right]}{\left[\operatorname{ch} \dfrac{\pi y}{2h} + \cos \dfrac{\pi(z+z_w)}{2h} \right]\left[\operatorname{ch} \dfrac{\pi y}{2h} - \cos \dfrac{\pi(z-z_w)}{2h} \right]} \tag{6-11}$$

在水平井筒处：$y=0$，$z=z_w-r_w$，$\Phi(y,z)=\Phi_w$，则气水边界与水平井井筒的势差可表示为

$$\Phi_e-\Phi_w\approx\frac{q_v}{2}\ln\frac{\left[1+\cos\frac{\pi r_w}{2h}\right]\left[1-\cos\frac{\pi z_w}{h}\right]}{\left[1+\cos\frac{\pi z_w}{h}\right]\left[1-\cos\frac{\pi r_w}{2h}\right]} \qquad (6\text{-}12)$$

实际上由于：

$$r_w\ll h,\quad 1-\cos\delta\approx\frac{1}{2}\delta^2,\quad 1-\cos2\theta=2\sin^2\theta \qquad (6\text{-}13)$$

因此式(6-12)可以变为

$$\Phi_e-\Phi_w\approx\frac{q_v}{2}\ln\frac{\left[2-\frac{1}{2}\left(\frac{\pi r_w}{2h}\right)^2\right]\left[2\sin^2\frac{\pi z_w}{2h}\right]}{\left[1+\cos\frac{\pi z_w}{h}\right]\left[\frac{1}{2}\left(\frac{\pi r_w}{2h}\right)^2\right]} \qquad (6\text{-}14)$$

将拟压力公式(6-1)以及 $q_v=Q_v/(2\pi L)$ 代入式(6-14)，整理可以得到底水气藏水平井垂直方向产量为

$$Q_v=\frac{2\pi Kh}{T\mu_g Z}\frac{T_{sc}Z_{sc}}{p_{sc}}\frac{(p_e^2-p_{wf}^2)}{\dfrac{h}{L}\ln\left(\dfrac{4h}{\pi r_w}\tan\dfrac{\pi z_w}{2h}\right)} \qquad (6\text{-}15)$$

3.底水气藏水平井产能公式

水平井总产量为水平方向产量与垂直方向产量的总和：

$$Q=\frac{2\pi Kh}{T\mu_g Z}\frac{T_{sc}Z_{sc}}{p_{sc}}\frac{(p_e^2-p_{wf}^2)}{\ln\left[\dfrac{a+\sqrt{a^2-(L/2)^2}}{L/2}\right]+\dfrac{h}{L}\ln\left(\dfrac{4h}{\pi r_w}\tan\dfrac{\pi z_w}{2h}\right)} \qquad (6\text{-}16)$$

采用 SI 单位表示：

$$Q=\frac{774.6Kh}{T\mu_g Z}\frac{(p_e^2-p_{wf}^2)}{\ln\left[\dfrac{a+\sqrt{a^2-(L/2)^2}}{L/2}\right]+\dfrac{h}{L}\ln\left(\dfrac{4h}{\pi r_w}\tan\dfrac{\pi z_w}{2h}\right)} \qquad (6\text{-}17)$$

式中，Q——标况下气井的产量，$m^3\cdot d^{-1}$；

r_{eh}——$r_{eh}=\sqrt{r_{ev}(r_{ev}+L/2)}$，拟圆形驱动半径，m，其中 r_{ev} 为椭圆短轴半径，m；

a——$a=\dfrac{L}{2}\sqrt{0.5+\sqrt{(2r_{eh}/L)^4+0.25}}$，椭圆长半轴；

L——水平段长度，m；

z_w——井筒距气水界面的高度，m；

r_w——水平井井筒半径，m。

6.2 高含硫底水气藏水平井产能预测方法的校正

预测产能与实际产能不符的原因可能有三个：

(1)在推导水平井产能公式时假设流体单相流动，但是由于底水上窜，往往会出现气、水两相流动，各相的相对渗透率均小于气藏绝对渗透率。

(2)在推导气井产能方程时假设地层为均质，但是根据地质分析发现地层是非均质的。

(3)没有考虑硫沉积的影响，元素硫在水平井井筒附近不断沉积，使得近井储层的渗透率变差，当气体流入井筒时，经过近井地带就要多消耗一些压力，相当于产生了一个正的表皮因子，并且表皮因子也是随着生产时间而不断发生变化的。

根据以上原因，对高含硫底水气藏水平井产能公式进行下列修正。

6.2.1 考虑多相流动的水平井产能修正

在推导水平井的产能公式时，假设地层只存在气体流动，所以利用的是岩石的绝对渗透率。在高含硫底水气藏中，存在束缚水且底水会侵入地层，出现气、水或者气、水、硫同时渗流的情况，各相渗流会互相干扰，所以气、水相的相对渗透率均小于岩石的绝对渗透率。因此计算出的水平井的产能要高于生产实际的产能。

采用下述方法对高含硫底水气藏水平井的产能进行修正。

(1)根据研究区的地质情况，绘制气、水相的相对渗透率随含水饱和度变化的曲线。

(2)根据气井目前的采出程度及产水情况计算目前的剩余气饱和度 S_g。

(3)根据相对渗透率曲线和剩余气饱和度 S_g 求得对应的气相相对渗透率 K_{rg}，则当前水平井的产能为

$$Q' = QK_{rg} \tag{6-18}$$

式中，Q'——修正后的多相流底水气藏水平井的产能，$m^3 \cdot d^{-1}$。

6.2.2 考虑各向异性对应的水平井产能修正

上述研究中没有考虑气藏各向异性的影响，而实际气藏非均质性很严重，气藏垂直渗透率不等于水平渗透率，所以气层各向异性能够显著影响水平井产能。若考虑气藏的各向异性对产能的影响，即 $K_v \neq K_h$，则需对产能计算公式(6-17)进行修正。利用 Joshi 的校正方法，将地层有效渗透率表示为 $K_e = \sqrt{K_h K_v}$，则地层厚度为 $h\sqrt{K_v / K_h}$。令地层各向异性系数 $\beta = \sqrt{K_h / K_v}$，则式(6-17)经修正后为

$$Q = \frac{774.6Kh}{T\mu_g Z} \cdot \frac{(p_e^2 - p_{wf}^2)}{\ln\left[\dfrac{a+\sqrt{a^2-(L/2)^2}}{L/2}\right] + \dfrac{\beta h}{L}\ln\left(\dfrac{4\beta h}{\pi r_w}\tan\dfrac{\pi z_w}{2h\beta}\right)} \tag{6-19}$$

6.2.3　考虑硫沉积所对应水平井的产能修正

在开发高含硫裂缝性底水气藏时，元素硫在裂缝中析出占据孔隙空间，堵塞气体流动通道，根据分析得到，硫沉积主要发生在水平井井筒附近，造成井筒附近渗透率降低，所以硫沉积区类似于钻井液的侵入带，可以将硫沉积污染视为气井的一个表皮，反映的是颗粒侵入地层导致的孔隙堵塞，即硫沉积会增大附加表皮，造成气井产量降低。

Hawkins（1956）将表皮系数定义为

$$S = \left(\frac{K}{K_{\mathrm{a}}} - 1 \right) \ln \frac{r_{\mathrm{a}}}{r_{\mathrm{w}}} \tag{6-20}$$

式中，K_{a}——污染带的渗透率，mD；

r_{a}——污染带的半径，m。

表皮效应是指近井地带储层渗透率发生改变形成的一个附加压降，其表达式为

$$\Delta p_{\mathrm{skin}}^2 = \frac{1.291 \times 10^{-3} T \mu_{\mathrm{g}} Z q_{\mathrm{g}}}{Kh} S \tag{6-21}$$

式中，S——总表皮系数，$S = S_{硫} + S_{其他}$。

$$S_{硫} = \left(\frac{K}{K_{\mathrm{s}}} - 1 \right) \ln \frac{r_{\mathrm{s}}}{r_{\mathrm{w}}} \tag{6-22}$$

式中，K_{s}——硫沉积污染带的平均渗透率，mD；

r_{s}——硫沉积的污染带半径，m。

将表皮效应产生的附加压降按式（6-21）合并到水平井产能方程中，得到

$$Q = \frac{774.6 K K_{\mathrm{rg}} h}{T \mu_{\mathrm{g}} Z} \frac{(p_{\mathrm{e}}^2 - p_{\mathrm{wf}}^2)}{\ln \left[\dfrac{a + \sqrt{a^2 - (L/2)^2}}{L/2} \right] + \dfrac{h}{L} \left[\ln \left(\dfrac{4h}{\pi r_{\mathrm{w}}} \tan \dfrac{\pi z_{\mathrm{w}}}{2h} \right) + S \right]} \tag{6-23}$$

计算的关键在于获取硫沉积堵塞气体流动通道而引起的表皮，由硫沉积预测模型可知，地层硫沉积主要发生在井筒附近很小的区域，一般在近井地带 2m 范围之内，硫沉积使近井地带孔隙度、渗透率发生变化。

在实际应用中，考虑硫沉积的影响，利用附加表皮系数法对产能进行预测，具体做法是将井筒外围地带一定范围分成十个圆环。第一个圆环的内径为 r_{w}，其外径为 $2r_{\mathrm{w}}$，K_1 表示气体渗透率，S_1 表示第一个圆环的平均含硫饱和度；$2r_{\mathrm{w}}$ 表示第二个圆环的内径，$3r_{\mathrm{w}}$ 表示其外径，K_2 表示气体渗透率，S_2 表示第二个圆环的平均含硫饱和度；同理类推可以得到第三个圆环到第十个圆环的含硫饱和度及气体渗透率。结合由非线性渗流硫沉积预测模型 [式（6-22）] 得到的含硫饱和度，利用式（6-18）得到各个圆环的气体相对渗透率，根据复合地层渗透率的求取思路，就可以确定发生硫沉积后的气体综合渗透率 K_{s}：

$$K_s = \cfrac{\ln\left(\dfrac{2}{r_w}\right)}{\dfrac{\ln(2)}{K_1} + \dfrac{\ln\left(\dfrac{3}{2}\right)}{K_2} + \dfrac{\ln\left(\dfrac{4}{3}\right)}{K_3} + \cdots + \dfrac{\ln\left(\dfrac{10}{9}\right)}{K_{10}}} \tag{6-24}$$

具体计算步骤如下：

(1)根据水平井硫沉积预测模型得到水平井近井地带含硫饱和度的分布；

(2)将水平井近井地带平分为 10 个圆环，得到各个圆环的含硫饱和度，根据渗透率与含硫饱和的关系得到各个圆环的平均渗透率 K_i，$i=1,2,\cdots,10$；

(3)利用复合地层渗透率求解公式计算出发生硫沉积产生污染后的平均渗透率 K_s；

(4)根据 Hawkins 表皮计算公式得到发生硫沉积后的附加表皮系数 S；

(5)将表皮系数 S 代入高含硫底水气藏产能公式，即可求取经过硫沉积校正后的气井产能。

6.2.4　考虑非达西流动所对应的水平井产能修正

水平井井筒附近气体处于高速流动状态，并且裂缝壁面粗糙，会产生不均匀流动，导致紊流流动，产生非达西效应，所以有必要进行非达西效应修正。借鉴不同完井方式下的产能修正方法，当近井地带被元素硫污染后，被伤害区域与未被伤害区域的非达西速度系数不同，所以需要分别讨论。未被污染区域紊流系数为

$$B_r = \frac{2.828 \times 10^{-21} \gamma_g T \overline{Z}}{L^2} \beta_r \left(\frac{1}{r_s} - \frac{1}{r_e} \right) \tag{6-25}$$

式中，B_r——地层紊流系数；

$\overline{Z}$——校正后的偏差系数；

β_r——地层非达西速度系数，$\beta_r = 7.644 \times 10^{10} / K^{1.5}$，$m^{-1}$；

r_g——气体修正系数；

r_s——污染半径，m；

K——气藏原始平均渗透率，$10^{-3}\mu m^2$；

r_e——气藏供给半径，m。

由于硫沉积造成污染，在硫沉积污染带紊流系数为

$$B_s = \frac{2.828 \times 10^{-21} \gamma_g T \overline{Z}}{L^2} \beta_s \left(\frac{1}{r_w} - \frac{1}{r_s} \right) \tag{6-26}$$

式中，B_s——硫沉积污染带的紊流系数；

β_s——硫沉积污染带的非达西速度系数，$\beta_s = 7.644 \times 10^{10} / K_s^{1.5}$，$m^{-1}$；

K_s——硫沉积污染带的平均渗透率，$10^{-3}\mu m^2$。

则修正后的产能方程为

$$Q = \frac{774.6 K_g h}{T \mu_g Z} \frac{(p_e^2 - p_{wf}^2)}{\ln\left[\dfrac{a + \sqrt{a^2 - (L/2)^2}}{L/2}\right] + \dfrac{h}{L}\left[\ln\left(\dfrac{4h}{\pi r_w} \tan\dfrac{\pi z_w}{2h}\right) + S + DQ\right]} \tag{6-27}$$

$$D = D_r + D_s \tag{6-28}$$

式中，

$$D_r = \frac{2.191 \times 10^{-18} \gamma_g K_g}{\mu_g L} \beta_r \left(\frac{1}{r_s} - \frac{1}{r_e}\right) \tag{6-29}$$

$$D_s = \frac{2.191 \times 10^{-18} \gamma_g K_g}{\mu_g L} \beta_s \left(\frac{1}{r_w} - \frac{1}{r_s}\right)$$

利用气井资料确定气井产能时，可将式(6-27)改写成二项式形式：

$$p_e^2 - p_{wf}^2 = AQ + BQ^2 \tag{6-30}$$

式中，

$$A = \frac{1.291 \times 10^{-3} T \mu_g Z}{K K_{rg} h} \left\{\ln\left[\frac{a + \sqrt{a^2 - (L/2)^2}}{L/2}\right] + \frac{h}{L}\left[\ln\left(\frac{4h}{\pi r_w} \tan\frac{\pi Z_w}{2h}\right) + S\right]\right\} \tag{6-31}$$

$$B = B_r + B_s$$

则水平井产能为

$$Q = \frac{-A + \sqrt{A^2 + 4B\Delta P^2}}{2B} \tag{6-32}$$

根据高含硫底水气藏二项式产能公式，给定一个井底流压 p_{wf}，得到一个相应的产量 Q，就可以做出水平井的流入动态曲线。当井底压力 $p_{wf} = 0$ 时，就可以得到气井的无阻流量 Q_{AOF}。

6.3 高含硫底水气藏水平井产能影响因素分析

本节利用某高含硫气藏数据进行实例分析，酸性气藏参数如表 6-1 所示，利用建立的高含硫底水气藏水平井产能公式，分析地层压力、水平井段长度、含硫饱和度、各向异性、地层水及应力敏感对水平井产能的影响。

表 6-1　气藏基本参数

参数	数值	单位
水平渗透率(K)	3.45	mD
孔隙度(φ)	0.09	—
储层温度(T)	427.15	K
储层压力(p_e)	68.5	MPa
储层厚度(h)	52.5	m
气藏供给半径(r_e)	825	m
气体黏度(μ_g)	0.033	mPa·s

参数	数值	单位
气体压缩因子(Z)	1.37	—
井筒半径(r_w)	0.12	m
水平段长度(L)	502	m
井筒流动压力(p_w)	66.21	MPa

井底流压为 66.21MPa 时，实际试气为 $40.8\times10^4\,\mathrm{m^3\cdot d^{-1}}$，不考虑非达西效应的影响时，计算的底水气藏水平井产能为 $43.17\times10^4\,\mathrm{m^3\cdot d^{-1}}$，相对误差为 5.81%；考虑非达西效应的影响时，计算的水平井产能为 $41.57\times10^4\,\mathrm{m^3\cdot d^{-1}}$，相对误差为 1.89%，满足产能预测方法与现场数据平均误差小于 5% 的要求。

图 6-4 所示为非达西效应对气井产能的影响曲线图，从图中可以看出，当不考虑非达西效应的影响时，气井无阻流量为 $625.64\times10^4\,\mathrm{m^3\cdot d^{-1}}$；当考虑非达西效应的影响时，气井无阻流量为 $591.12\times10^4\,\mathrm{m^3\cdot d^{-1}}$，考虑非达西效应计算出的产能小于不考虑非达西效应时的产能。

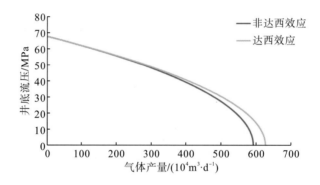

图 6-4　非达西效应对气井产能的影响

6.3.1　地层压力对水平井产能的影响

图 6-5 所示为地层压力对水平井产能的影响曲线图。从图中可以看出，随着地层压力的降低，气井流入动态(inflow performance relationship，IPR)曲线向左下方偏移，当地层

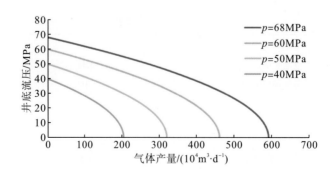

图 6-5　地层压力对水平井产能的影响

压力从 68MPa 降低到 40MPa 时，气井无阻流量从 $591.12\times10^4 m^3 \cdot d^{-1}$ 下降到了 $204.32\times10^4 m^3 \cdot d^{-1}$，下降幅度较大，这也是随着生产时间的增加，水平井产量下降的主要原因。地层压力下降，并且没有能量补充，会导致水平井无阻流量下降，因此，应及时调整生产压差，以便达到稳产的目的。

6.3.2　水平井段长度对水平井产能的影响

图 6-6 所示为水平井段长度对水平井产能的影响曲线图。从图中可以看出，随着水平井段长度不断增大，气井无阻流量不断增大，即气井 IPR 曲线向右偏移。这是因为水平井段长度增加，增大了气井与地层的接触面积，导致泄气面积增加，从而使气井无阻流量增加(图 6-7)。但随着水平井段长度增加，无阻流量增加趋势在减缓，当水平段长度大于 700m 以后，水平井产量增加幅度较小，所以需要综合考虑各个因素的影响，优选出最佳水平段长度。

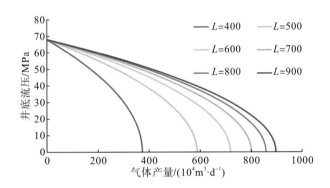

图 6-6　水平井段长度对水平井产能的影响

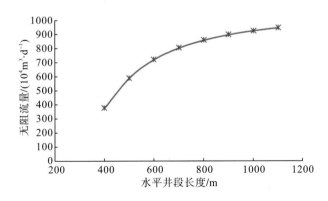

图 6-7　水平井段长度对无阻流量的影响

6.3.3　硫沉积对水平井产能的影响

图 6-8 所示为硫沉积对水平井产能的影响曲线图。从图中可以看出，当无硫沉积时气井无阻流量为 $591.12 \times 10^4 \mathrm{m}^3 \cdot \mathrm{d}^{-1}$，生产一段时间后含硫饱和度为 0.01 时，代入建立的考虑硫沉积的底水气藏水平井产能方程中，计算出受硫沉积影响的无阻流量为 $579.31 \times 10^4 \mathrm{m}^3 \cdot \mathrm{d}^{-1}$。随着生产时间增加，气井稳态产能逐渐降低，当含硫饱和度达到 0.09 时，气井无阻流量变为 $477.34 \times 10^4 \mathrm{m}^3 \cdot \mathrm{d}^{-1}$，下降幅度为 19.2%。考虑气藏稳产期为 6～8 年，即在气藏开发前期，压力下降幅度较小时，硫沉积量较小时，硫沉积对水平井产能影响不大，但随着开发的进行，近井地带聚集了较多的元素硫，堵塞了气体渗流通道，此时硫沉积造成的影响不可忽略，所以应该及时做好硫沉积评价，预防硫沉积。

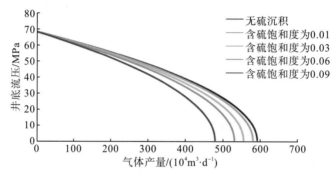

图 6-8　硫沉积对水平井产能的影响

6.3.4　各向异性对水平井产能的影响

图 6-9 所示为各向异性对水平井产能的影响曲线图。由图可以看出，当水平渗透率固定时，随着垂直渗透率的降低，各向异性比降低，水平井产能逐渐降低，无阻流量减小，IPR 曲线向左偏移，当垂直渗透率降低到水平渗透率的 10%时，气井无阻流量从 $615.24 \times 10^4 \mathrm{m}^3 \cdot \mathrm{d}^{-1}$ 降到了 $254.21 \times 10^4 \mathrm{m}^3 \cdot \mathrm{d}^{-1}$，降低幅度较大。随着垂向渗透率的增加，产量也随之增加，但后续增加的幅度较小，这是由于垂直于井筒方向的渗流对水平井产量贡献很大，所以各向异性对底水气藏水平井产能影响很大。

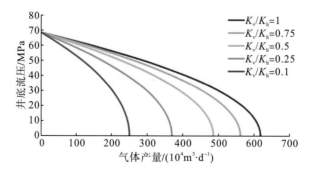

图 6-9　各向异性对水平井产能的影响

6.3.5   地层水对水平井产能的影响

图 6-10 所示为地层水对水平井产能的影响曲线图。当地层产水后,储层含水饱和度上升,使得气体的相对渗透率降低,随着气体相对渗透率的减小,气体无阻流量逐渐降低,气井 IPR 曲线向左移动。没有底水侵入时,水平井无阻流量为 $591.12 \times 10^4 m^3 \cdot d^{-1}$,当气体的相对渗透率降低为 0.5 时,气井无阻流量降低为 $295.81 \times 10^4 m^3 \cdot d^{-1}$,降低了约 50%,故地层水对气井产能影响较大,对于裂缝性底水气藏,应该尽量避免底水大量侵入气层造成气相相对渗透率降低。

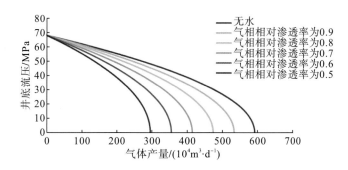

图 6-10   地层水对水平井产能的影响

6.3.6   应力敏感对水平井产能的影响

图 6-11 所示为应力敏感系数对水平井产能的影响。从图中分析得到,应力敏感系数越大,气井无阻流量越低,即应力敏感效应越强,气井产能越低。地层压力降到 50MPa 之前,应力敏感效应导致的产量变化幅度不大,但随着地层压力的下降,表现出很强的应力敏感效应,气井产量的降幅可达 20%。

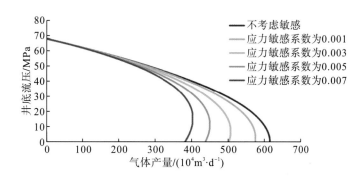

图 6-11   应力敏感对气井产能的影响

第 7 章 高含硫气藏水平井合理配产研究

合理配产是高效开发气田的重要环节，而准确评价气井产能则是气井合理配产的基础。开展气井产能评价方法研究，比较准确地评价气井产能，在此基础上才可以研究气井的合理配产。

7.1 合理产量确定的原则

根据气田地质特征，结合测试、试采评价、稳定供气要求及单井技术经济界限评价结果，确定单井合理产量应遵循如下原则：

(1) 井底流入与井口流出协调，合理利用地层能量；

(2) 单井产量应大于技术经济界限产量；

(3) 气井产量应不大于最大合理产量；

(4) 具边底水的气井应避免压差过大导致水锥过快；

(5) 气井应确保一定的稳产时间；

(6) 气井产量应大于临界携液流量、临界携硫流量，并小于冲蚀流量。

目前，本书研究区域试采资料比较少，同时经济界限研究还处于初步研究阶段，因此目前评价的合理产量只是初步认识。

7.2 合理配产研究

根据合理产量确定原则，针对某高含硫气藏——A 气田开发的实际情况，开展合理的配产研究。

7.2.1 单井临界携液流量

正确判断气井的积液情况对气井采取排液措施及稳定生产具有重要的意义。本章针对 A 气田实际生产情况及井身结构特点，分析水平井垂直段和水平段的携液流动规律，对比不同井段临界携液模型，确定其临界携液流量，并针对不同尺寸的油管进行敏感性分析。

1969 年，Turner 等(1969)比较了垂直管道举升液体的两种物理模型，认为液滴理论推导出的公式可以较准确地预测积液的形成。他们同时指出这些公式并非对任何气井都适用，它适用于气液比非常高（大于 $1367\,\mathrm{m^3 \cdot m^{-3}}$）、流态属雾状流的气液井。

研究表明，被高速气流携带的液滴受到企图将它破坏的惯性力和力图保持它完整的表面力两种相互对抗力的作用，这两个力的比值就是韦伯数。韦伯数超过临界值（20～30）液滴就会被粉碎。Turner 等通过采用大的临界韦伯数（30），认为被高速气流携带的液滴是圆球体，导出了气井连续排液的最小流速和产量公式。然而，在实际运用 Turner 模型时，发现许多气井的产量远低于 Turner 模型所计算出的最小携液产量，但井并未发生积液，仍能正常生产。事实上，当液滴在高速气流中运动时，液滴前后存在压差，在这一压差的作用下，液滴会从圆球体变成椭球体。圆球体液滴的有效迎流面积小，需要更高的排液速度才能把液滴举升到地面，而椭球体液滴更容易被气流带到地面，所需的气井排液速度也相对较小。因此，在研究气井携液时，有必要研究液滴变形对气井携液的影响。

1.水平井水平段气井携液最小流速和产量计算公式推导

水平井筒内气井携液流动的运动机理与垂直井筒截然不同，因而不能简单地使用 Turner 公式或者其修正公式去计算水平井筒的携液临界流量，有必要利用质点分析理论，推导出适合于水平井筒的最小携液临界流量计算公式。同时，随着可视化技术的发展，对气液两相流实验和流态的划分也越来越准确，实际测量携液临界流量成为可能。从气液两相流态角度考虑，只有雾状流能近似使井筒中的全部液滴被携带出来。因而根据 Soliman（1983）、Shlooenberger（1994）等提出的环状流到雾状流的转换准则，可以得到不同压力下雾状流存在的最小气量，即水平井筒的携液临界流量。

根据液滴在气体中的质点理论模型，液滴要在水平井筒中连续流动，至少要保持液滴能在气体中悬浮，即要保证气体对液滴在垂直方向产生的举升力和浮力大于液滴的重力，如图 7-1 所示。

图 7-1　水平管液滴受力分析简图

液滴所受合力可表示为

$$F_1 + F_b + F_g = F \tag{7-1}$$

液滴的重力和浮力的合力可表示为

$$F_g - F_b = \frac{\pi}{6}d_1^3(\rho_1 - \rho_g)g \tag{7-2}$$

式中，F_1、F_b、F_g、F——液滴受到的举升力、浮力、重力和合力，N；

　　　　d_1——液滴直径，m；

ρ_1、ρ_g——液体和气体的密度，$kg \cdot m^{-3}$；

g——重力加速度，$m \cdot s^{-2}$。

举升力是气体紊流对液滴在垂直方向上所施加的一个向上的力。Kurose 等(2001)提出了球形颗粒举升力的计算公式，Clark 和 Bickham(1994)给出了水平井筒中液滴为球形时举升力计算的一般形式：

$$F_1 = \frac{1}{2}C_1 A_1 \rho_g v_g^2 \tag{7-3}$$

$$C_{1e} = 5.82\left(\frac{d_1}{2v_g}\left|\frac{dv_g}{dr}\right| \middle/ Re_p\right)^{\frac{1}{2}} \tag{7-4}$$

式中，C_1——举升系数；

A_1——举升力作用于液滴上的截面积，m^2；

C_{1e}——有效举升系数；

v_g——气体速度，$m \cdot s^{-1}$；

Re_p——液滴雷诺数。

$C_{1e} > 0.09$ 时，$C_1 = C_{1e}$；$C_{1e} < 0.09$ 时，$C_1 = 0.09$。当气体流速大到使韦伯数达到临界值时，速度压力起主导作用，液滴容易被破坏。这里根据 Turner 等(1969)认为的韦伯数为 30 是临界值，得到最大液滴的直径公式为

$$d_{\max} = 30\sigma / (\rho_g v_g^2) \tag{7-5}$$

式中，$d_{\max}$——气体中液滴存在的最大颗粒直径，m；

σ——气液界面张力，N。

综合式(7-1)~式(7-5)，当合力 F 大于零时，求得携带最大液滴的气体流速公式为

$$v_g > \sqrt[4]{40\sigma(\rho_1 - \rho_g)g / \rho_g^2 C_1} \tag{7-6}$$

水平井最小携液产量为

$$q_{\max H} = A \times v_g / B_g = \frac{\pi d^2 v_g}{4 B_g} \tag{7-7}$$

2.井筒垂直段气井携液最小流速和产量公式推导

假设液滴在气流中以速度 v 运动，它受到的前、后压力不同，存在一个压差 Δp。由伯努利方程得出：

$$\Delta p = 10^{-6} \rho_g v^2 / 2 \tag{7-8}$$

受这一压差的作用，液滴呈椭球形。在表面张力和压力差的作用下，椭球形液滴维持现状，其平衡条件为

$$\Delta p S dh / 10^{-6} + \sigma dS = 0 \tag{7-9}$$

由于液滴是由球形变为椭球形的，其体积保持不变，则：

$$V = Sh \tag{7-10}$$

由式(7-9)可得

$$\Delta pS / (10^{-6}\sigma) = -dS / dh \tag{7-11}$$

由式(7-10)可得 $S=V/h$，两边对 h 微分得

$$dS / dh = -V / h^2 = -S / h \tag{7-12}$$

由式(7-11)和式(7-12)得

$$h = 10^{-6}\sigma / \Delta p \tag{7-13}$$

将式(7-8)代入式(7-13)得

$$h = 2\sigma / (\rho_g v^2) \tag{7-14}$$

将式(7-14)代入式(7-10)得

$$S = \rho_g v^2 V / (2\sigma) \tag{7-15}$$

最后，当液滴在气流中的受力达到平衡时，它下落的速度为 v。当气流速度 v_g 略大于 v 时，液滴将被带出地面。因此，当 $v_g=v$ 时即为所求气体携液的最小速度。处于平衡状态下的液滴，其重力等于浮力加曳力时，根据受力平衡得

$$(\rho_L - \rho_g)gV = \rho_g v^2 S C_D / 2 \tag{7-16}$$

将式(7-15)代入式(7-16)，得

$$v = \sqrt[4]{4(\rho_L - \rho_g)g\sigma / (\rho_g^2 C_D)} \tag{7-17}$$

由于液滴为椭球形，其有效迎流面积接近 100%，$C_D \approx 1.0$，代入式(7-17)得

$$v = 2.5\sqrt[4]{(\rho_L - \rho_g)\sigma / \rho_g^2} \tag{7-18}$$

(1)液滴为椭球形时，气体携液的最小流速为

$$v = 2.5\sqrt[4]{(\rho_L - \rho_g)\sigma / \rho_g^2} \tag{7-19}$$

(2)液滴为圆球形时，也就是 Turner 等建立的携液模型，气体携液最小流速为

$$v_g = v = 3.1\sqrt[4]{(\rho_L - \rho_g)\sigma g / \rho_g^2} \tag{7-20}$$

(3)液滴为球帽形时，推理过程同上，仅仅是有效迎风面积发生变化，气体携液最小流速为

$$v_g = v = 1.8\sqrt[4]{(\rho_L - \rho_g)\sigma / \rho_g^2} \tag{7-21}$$

相应最小携液产量公式为

$$q_{maxH} = A \times v_g / B_g = \pi d^2 / 4 \times v_g / B_g \tag{7-22}$$

通过以上理论，便可以结合气田的实际数据计算临界携液流量。

考虑到气体的物性参数，如气体密度、压缩因子等是与温度和压力相关的函数，故在计算临界携液流量之前，需要获得气体的物性参数，包括气体比重、CO_2 和 H_2S 摩尔体积分数、临界压力、临界温度，并通过一定的方法计算在不同温度、压力下的气体密度和压缩因子。

A 气田部分井产出气体比重统计如表 7-1 所示，取产出气体平均比重为 0.630，地层水密度为 $1g\cdot cm^{-3}$，气水表面张力取常值 $0.06\ N\cdot m^{-1}$。另外，还测试了 A101 井气体样品气体的临界参数：临界压力为 4.7136MPa，临界温度为 194.75K。

表 7-1　A 气田各井取样气体比重

井名	1-侧 1 井	A2 井	A11 井	A101 井	A29 井	102-侧 1 井	205 井	平均
比重	0.5552	0.7172	0.6228	0.6582	0.5793	0.6578	0.5799	
	0.6585	0.6712	0.6313	0.6617	0.5872	0.6785	0.5771	0.63062
	—	—	0.6265	—	0.5753	0.6828	—	
H₂S 含量 /%	6.61	5.81	6.64	3.71	4.15	0.00026	4.3	
	—	4.03	6.18	3.34	2.73	2.86	5.09	4.48627
	—	—	6.69	—	5.28	4.36	—	
CO₂ 含量 /%		12.3	10.66	11.53	4.97	6.89	4.81	
	6.25	6.06	11.31	11.5	4.94	6.51	4.92	8.58688
	—	—	11.09	—	4.93	6.72	—	

考虑到仅 A101 井气样有临界参数值，通过下述经验方法求取平均临界参数。

1948 年，Brown 等提出了 $p_{pc}=f(\gamma_g)$，$T_{pc}=f(\gamma_g)$ 图版。1977 年，Standing 和 Brown 根据 Brown 图版进行拟合，得到了基于相对密度的计算天然气拟临界参数的方程如下。

对干气：

$$p_{pc}=4.668+0.103\gamma_g-0.259\gamma_g^2$$
$$T_{pc}=93.3+181\gamma_g-7\gamma_g^2 \tag{7-23}$$

对湿气和凝析气：

$$p_{pc}=4.868+0.356\gamma_g-0.077\gamma_g^2$$
$$T_{pc}=103.9+183.3\gamma_g-39.7\gamma_g^2 \tag{7-24}$$

已知天然气的相对密度求取天然气的拟临界参数的方法是基于气样的非烃组成很少得到的，对于含 H₂S 和 CO₂ 的非烃气体，计算出的拟临界参数需要经过非烃校正。

1972 年，Wichert 和 Aziz(1972)提出的非烃校正方法是目前广泛采用的方法，校正公式如下：

$$T'=T_{pc}-\xi$$
$$p'=\frac{p_{pc}T'_{pc}}{T_{pc}+B(1-B)\xi}$$
$$\xi=\left[120(A^{0.9}-A^{1.6})+15(B^{0.5}-B^{0.4})\right]\div1.8 \tag{7-25}$$
$$A=y_{H_2S}+y_{CO_2}$$
$$B=y_{H_2S}$$

式中，y_{H_2S}——天然气中的 H₂S 摩尔体积分数，无因次；

$\quad\quad y_{CO_2}$——天然气中的 CO₂ 摩尔体积分数，无因次。

非烃校正步骤如下：

(1)计算天然气的拟临界压力和拟临界温度；

(2)进行非烃校正。

从表 7-1 中可以看出，A 气田流体为酸性气体，CO_2 平均摩尔分数为 0.086，H_2S 平均摩尔分数为 0.045，计算出的临界参数需要进行非烃校正。

在计算出气体的临界参数后，再通过 DAK(Dranchk-Abu-Kassem)法计算气体的压缩因子。

Dranchk-Abu-Kassem 提出了满足 Standing-Carnahan 状态方程，同时能够准确拟合 Katz 天然气气体因子图版的计算公式。Dranchk-Abu-Kassem 的表达式基于 Katz 天然气气体因子图版，通过对图版的相应划分取得图版中对应的数据点，对数据进行线性回归得到相应线性回归公式。

$$Z = 1 + \left(A_1 + A_2/T_{pr} + A_3/T_{pr}^3 + A_4/T_{pr}^4 + A_5/T_{pr}^5 \right) \rho_{pr}$$
$$+ \left(A_6 + A_7/T_{pr} + A_8/T_{pr}^2 \right) \rho_{pr}^2 - A_9 \left(A_7/T_{pr} + A_8/T_{pr}^2 \right) \rho_{pr}^5 \tag{7-26}$$
$$+ A_{10} \left(1 + A_{11} \rho_{pr}^2 \right) \left(\rho_{pr}^2/T_{pr}^3 \right) \exp \left(-A_{11} \rho_{pr}^2 \right)$$

式中，$A_1 \sim A_{11}$ 取值分别为：A_1=0.3265，A_2=−1.0700，A_3=−0.5339，A_4=0.01569，A_5=−0.05165，A_6=0.5475，A_7=−0.7361，A_8=0.1844，A_9=0.1056，A_{10}=0.6134，A_{11}=0.7210。因为有 11 个参数，故 DAK 法又称"11 参数法"。

ρ_{pr} 为特别定义的拟对比密度，定义如下：

$$\rho_{pr} = 0.27 p_{pr} / (Z T_{pr}) \tag{7-27}$$

联立式(7-26)和式(7-27)，即可求解天然气的偏差系数 Z。由于该方程组联立后为非显示方程，故采用牛顿迭代法求解。方法如下：

(1) 合并式(7-26)和式(7-27)，消去偏差系数 Z，得

$$F \left(\rho_{pr} \right) = -0.27 P_{pr} / T_{pr} + \rho_{pr} + \left(A_1 + A_2/T_{pr} + A_3/T_{pr}^3 + A_4/T_{pr}^4 + A_5/T_{pr}^5 \right) \rho_{pr}^2$$
$$+ \left(A_6 + A_7/T_{pr} + A_8/T_{pr}^2 \right) \rho_{pr}^3 - A_9 \left(A_7/T_{pr} + A_8/T_{pr}^2 \right) \rho_{pr}^6 \tag{7-28}$$
$$+ A_{10} \left(1 + A_{11} \rho_{pr}^2 \right) \left(\rho_{pr}^3/T_{pr}^3 \right) \exp \left(-A_{11} \rho_{pr}^2 \right)$$

(2) 对式(7-28)求导，得

$$F' \left(\rho_{pr} \right) = 1 + 2 \left(A_1 + A_2/T_{pr} + A_3/T_{pr}^3 + A_4/T_{pr}^4 + A_5/T_{pr}^5 \right) \rho_{pr}$$
$$+ 3 \left(A_6 + A_7/T_{pr} + A_8/T_{pr}^2 \right) \rho_{pr}^2 - 6 A_9 \left(A_7/T_{pr} + A_8/T_{pr}^2 \right) \rho_{pr}^5 \tag{7-29}$$
$$+ \left(A_{10}/T_{pr}^3 \right) \left[3 \rho_{pr}^3 + A_{11} \left(3 \rho_{pr}^4 - 2 A_{11} \rho_{pr}^6 \right) \right] \exp \left(-A_{11} \rho_{pr}^2 \right)$$

(3) 假设 ρ_{pr}^k 为一确定值，并代入下式计算出 ρ_{pr}^{k+1}：

$$\rho_{pr}^{k+1} = \rho_{pr}^k - \frac{F \left(\rho_{pr} \right)}{F' \left(\rho_{pr} \right)} \tag{7-30}$$

(4) 对比 ρ_{pr}^k 和 ρ_{pr}^{k+1}，若满足精度要求，则将解出的 ρ_{pr}^k 代入式(7-26)中求解天然气的偏差系数 Z；否则令

$$\rho_{pr}^{k+1} = \rho_{pr}^k \tag{7-31}$$

重复计算步骤(1)~(4)，直到满足精度要求。

DAK 法适用于 $1.0 \leqslant T_{pr} \leqslant 3.0$、$0.2 \leqslant p_{pr} \leqslant 30.0$ 或 $0.7 \leqslant T_{pr} \leqslant 1.0$、$p_{pr} < 1.0$ 的情况。但

是，从实际来看，在 $1.0 \leqslant T_{pr} \leqslant 1.6$、$1.0 \leqslant p_{pr} \leqslant 7.0$ 情况下，DAK 法具有很高的计算精度。但在超高拟对比压力的条件下，DAK 法的计算精度变差。

在确定了天然气的比重、压缩因子等参数后，便可以通过下式计算天然气的密度：

$$\rho_{g} = 3.4844 \times 10^{3} \times \frac{\gamma_{g} p}{ZT} \qquad (7\text{-}32)$$

综合以上方法，采用 VB6.0 软件编译了一个可以用于计算临界携液流量的软件。该软件可以通过气体比重计算气体的临界参数，并进行非烃校正，可以计算在不同压力、温度下的压缩因子，最后计算出不同模型在不同压力、温度下的临界携液流量。软件界面如图 7-2 所示。

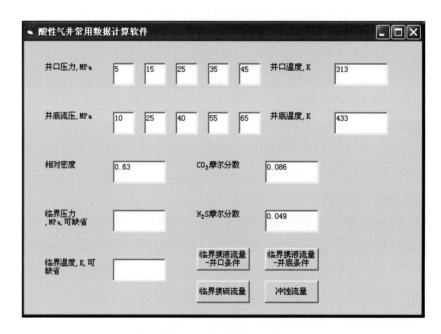

图 7-2　酸性气井常用数据计算软件界面

以上是 A 气田酸性气体的物性参数的取值或其计算方法。在 A 气田的开发初期，地层压力约为 65MPa，对应的井底流压与地层压力十分接近，井底温度约为 160℃，通过管流计算，井口流压普遍为 42～47MPa，井口温度约为 40℃。结合以上方法，采用不同临界携液流量模型，计算不同井口流压（5MPa、15MPa、25MPa、35MPa、45MPa）和井底流压（10MPa、25MPa、40MPa、55MPa、65MPa）时的临界携液流量。同时，临界携液流量与管径相关，故计算不同管径（1in[①]、1.5in、…、3in）时的临界携液流量。计算结果如图 7-3～图 7-12 所示。

---

① 1in=2.54cm。

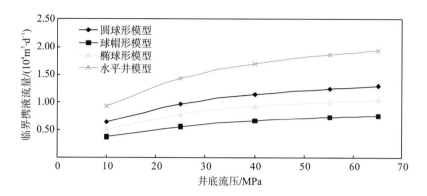

图 7-3　以井底流压为基准的 1in 油管临界携液流量曲线

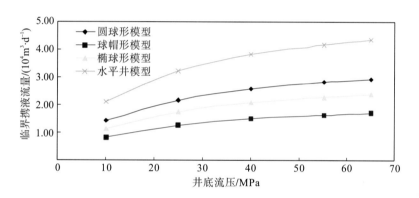

图 7-4　以井底流压为基准的 1.5in 油管临界携液流量曲线

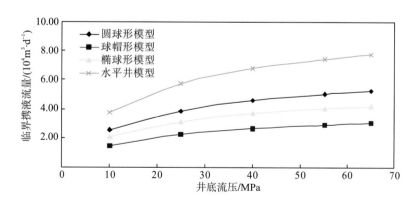

图 7-5　以井底流压为基准的 2in 油管临界携液流量曲线

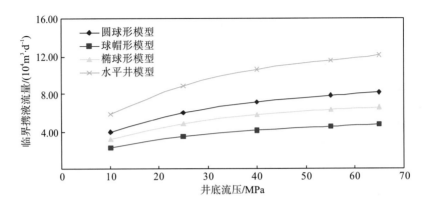

图 7-6　以井底流压为基准的 2.5in 油管临界携液流量曲线

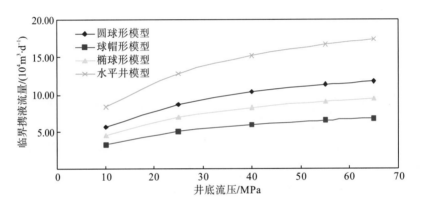

图 7-7　以井底流压为基准的 3in 油管临界携液流量曲线

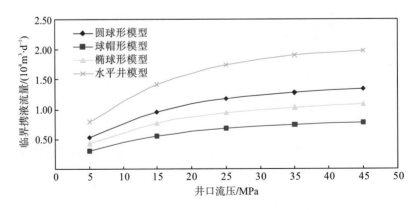

图 7-8　以井口流压为基准的 1in 油管临界携液流量曲线

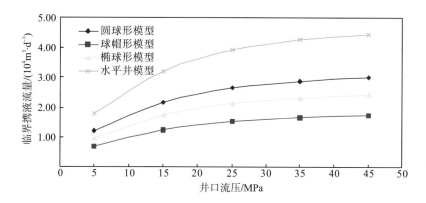

图 7-9　以井口流压为基准的 1.5in 油管临界携液流量曲线

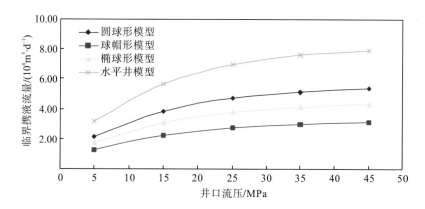

图 7-10　以井口流压为基准的 2in 油管临界携液流量曲线

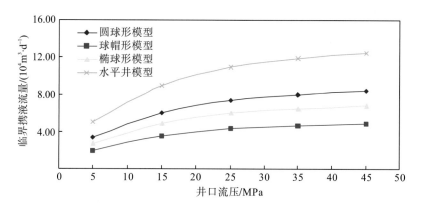

图 7-11　以井口流压为基准的 2.5in 油管临界携液流量曲线

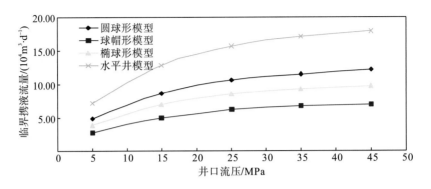

图 7-12 以井口流压为基准的 3in 油管临界携液流量曲线

分析以上临界携液流量曲线,得到以下认识。

(1)随着井底(井口)压力增加,临界携液流量逐渐增大,但增加的趋势逐渐减缓。

分析认为,造成临界携液流量与压力不成线性关系的原因是气体性质与压力的非线性关系。越趋于高压,气体的可压缩性、密度等性质变化越小。换句话说,越趋于高压,气体的性质越接近,而其他与气体物性无关的参数不会发生改变,在这样的条件下,计算出的临界携液流量变化量自然逐渐减小。

(2)在同一个管径和压力下,采用 4 种模型计算出的临界携液流量从大到小的顺序为:水平井模型>圆球形模型>椭球形模型>球帽形模型。

(3)临界携液流量与管径的平方成正比,若在低产层位建井,在综合评价产能的基础上,若该地层无法或者很难满足常规管径下临界携液流量的界限要求,则可以考虑适当减小管径以达到要求。

以椭球形模型、井口流压 45MPa 为例,做出临界携液流量和管径的关系曲线,如图 7-13 所示。

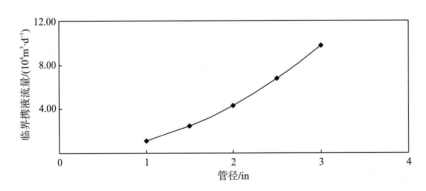

图 7-13 椭球形模型、井口流压为 45MPa 条件下不同管径临界携液流量曲线

由图 7-13 可以看出:随着管径的增加,相同模型计算的临界携液流量增加,且临界携液流量与管径的平方成正比。因此,可以通过调整管径来达到改变临界携液流量的目的,以满足实际需要。

（4）在 A 气藏的气井模型下，应该以考虑井底条件下的临界携液流量为准进行合理配产研究。

以油管尺寸为 2in 为例，绘制井口流压和井底流压条件下不同模型的临界携液流量对比曲线，如图 7-14 所示。

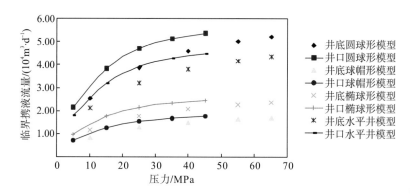

图 7-14　井口流压和井底流压条件下的不同模型的临界携液流量对比曲线

以往在计算临界携液流量时，通常是在井口和井底两种条件下进行计算。若通过井口条件计算出的临界携液流量值更大，此时应以在井口条件下的计算结果作为该井的最低配产；若通过井底条件计算出的临界携液流量值更大，则应选用井底条件计算的结果作为配产界限。在实际情况中，以 A 气田某井的实际井筒压力分布曲线为例进行说明。图 7-15 是 A205 井在配产为 $83.1 \times 10^4 \, \mathrm{m^3 \cdot d^{-1}}$ 时的井筒压力剖面图。

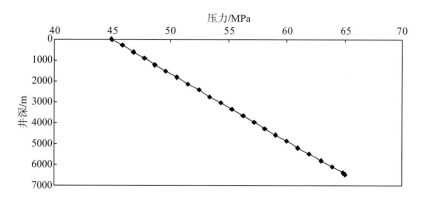

图 7-15　A205 井长兴组第二段井筒压力剖面图

从图 7-15 中可以看出，在井底流压约为 65MPa 时，该配产条件的井口流压约为 45MPa。对比不同模型计算出的临界携液流量，以 2.5in 管径、椭球形模型为例：井口条件（45MPa）下计算的临界携液流量为 $6.75 \times 10 \, \mathrm{m^3 \cdot d^{-1}}$，对应的井底条件（65MPa）下计算的

临界携液流量为 $6.57 \times 10 \mathrm{m}^3 \cdot \mathrm{d}^{-1}$，井口条件下的计算结果大于对应的井底条件，但两者的差距较小，相对误差为 2.67%［(井口结果-井底结果)/井口结果×100%］。造成相对误差很小的原因是：计算对比条件是 45MPa、65MPa，属高压范围。之前对于临界携液流量曲线的认识(认识 1)表明：在高压条件下，计算结果差异很小。但从临界携液流量曲线的走势来看，在低压条件下，计算结果差异更为明显。通过调研以前的资料，假设在开发后期，井口流压为 7MPa，结合废弃压力下的临界携液流量 25000m^3/d，则通过管流计算得到对应的井底流压约为 12.3MPa。在此条件下，2.5in 管径、椭球形模型计算出的结果为：井口条件(7MPa)下计算的临界携液流量约为 $3.2 \times 10 \mathrm{m}^3 \cdot \mathrm{d}^{-1}$，井底条件(12.3MPa)下计算的临界携液流量约为 $3.45 \times 10 \mathrm{m}^3 \cdot \mathrm{d}^{-1}$。可见，在该条件下，通过井底条件计算出的临界携液流量大于井口条件计算的结果，其相对误差为 7.8%，此时应通过井底条件来确定临界携液流量，以指导气井的合理配产。但可以发现，此时的临界携液流量已经远大于产量(废弃压力为 2000$\mathrm{m}^3 \cdot \mathrm{d}^{-1}$)，因此，若考虑提高配产，则通过管流计算出的井底流压会进一步增大，则对应计算出的临界携液流量更大。通过高压条件(井口流压为 45MPa，井底流压为 65MPa)与低压条件(井口流压为 7MPa，井底流压为 12.3MPa)的临界携液流量计算与对比，综合得出：对于 A 气田的气井开采问题，在计算临界携液流量以指导合理配产时，应考虑以井底条件为基准进行计算，以确定临界携液流量，从而确定配产界限。

结合四川盆地的气井开采现场的认识——椭球形模型在四川盆地具有较好的适用性，综合考虑，认为对于 A 气田而言，应采用井底条件为基准进行临界携液流量计算，对于直井采用椭球形模型，对于水平井、大斜度井则采用水平井模型进行计算。表 7-2 中列出了在开发初期(p_{wf}=65MPa)、中期(p_{wf}=40MPa)、后期(p_{wf}=15MPa)，采用 2.5in 和 3in 内径油管时的临界携液流量值。

表 7-2　A 气田不同开发时期临界携液流量预测表

开发时期	井底流压/MPa	临界携液流量/($10^4\mathrm{m}^3 \cdot \mathrm{d}^{-1}$)			
		2.5in		3in	
		直井	水平井/大斜度井	直井	水平井/大斜度井
初期	65	6.57	12.1	6.45	17.4
中期	40	5.76	10.6	8.3	15.2
末期	15	3.86	7.09	5.56	10.2

7.2.2　单井临界携硫流量

通常情况下，析出的硫颗粒在井筒中的流动属于稀疏固体流动，气体的密度通常远小于颗粒的密度，与颗粒本身惯性相比，压力梯度力、视质量力、Basset 力、Magnus 力、Saffman 力均很小，可以忽略不计，因此只考虑重力、浮力和颗粒表面所受阻力。

考虑问题的普遍性，流体中的颗粒运动简化如图 7-16 所示，并且固体硫颗粒为球形，以气流流动方向为正方向。

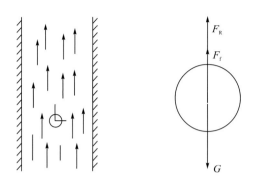

图 7-16　井筒中硫颗粒运动受力简化示意图

颗粒在井筒中随气体流动时始终受重力场作用，作用在颗粒上的重力为

$$G = m_s g = \frac{\pi}{6} d_p^3 \rho_p g \tag{7-33}$$

式中，d_p——固体颗粒的当量直径；

ρ_p——固体颗粒密度，$\mathrm{kg \cdot m^{-3}}$；

g——重力加速度，$\mathrm{m \cdot s^{-2}}$。

固体颗粒处在气体中或被气体携带着运动，浮力 F_f 也始终作用在颗粒上，其计算公式为

$$F_f = \frac{\pi}{6} d_p^3 \rho_f g \tag{7-34}$$

式中，ρ_f——流体密度。

如果颗粒的速度 v_p 与气体的速度 v_g 不同，气体作用在颗粒上的力取决于相对速度(或滑移速度)$v_g - v_p$。我们把这个力称为黏性阻力，或简称阻力。习惯上可以把阻力 F_d 的表达式写成

$$F_d = \frac{\pi}{8} d_p^2 C_D \rho_g \left| v_g - v_p \right| \left(v_g - v_p \right) \tag{7-35}$$

式中，v_g、v_p——天然气和固相颗粒的速度，$\mathrm{m \cdot s^{-1}}$；

C_D——阻力系数。

因此，简化后的硫颗粒运动方程为

$$\frac{\pi d_p^3}{6} \rho_p \frac{\mathrm{d}v_p}{\mathrm{d}t} = F_d + F_f - G \tag{7-36}$$

将式(7-33)～式(7-35)代入式(7-36)得

$$\frac{\pi d_p^3}{6} \rho_p \frac{\mathrm{d}v_p}{\mathrm{d}t} = \frac{\pi}{8} d_p^2 C_D \rho_g \left| v_g - v_p \right| \left(v_g - v_p \right) - \frac{\pi d_p^3}{6} g \left(\rho_p - \rho_f \right) \tag{7-37}$$

当颗粒达到受力平衡状态时开始匀速运动(上升或下降)，这时有 $\dfrac{\mathrm{d}v_p}{\mathrm{d}t} = 0$，则式(7-37)变为

$$\frac{\pi d_{\mathrm{p}}^{3}}{6}\rho_{\mathrm{p}}\frac{\mathrm{d}v_{\mathrm{p}}}{\mathrm{d}t}=\frac{\pi}{8}d_{\mathrm{p}}^{2}C_{\mathrm{D}}\rho_{\mathrm{g}}\left|v_{\mathrm{g}}-v_{\mathrm{p}}\right|\left(v_{\mathrm{g}}-v_{\mathrm{p}}\right)-\frac{\pi d_{\mathrm{p}}^{3}}{6}g\left(\rho_{\mathrm{p}}-\rho_{\mathrm{f}}\right)=0 \tag{7-38}$$

对于气井来说，固体硫颗粒密度远大于流体密度，即 $\rho_{\mathrm{p}}>\rho_{\mathrm{f}}$，必然有 $v_{\mathrm{g}}-v_{\mathrm{p}}>0$，则式(7-38)转化为

$$\frac{\pi}{8}d_{\mathrm{p}}^{2}C_{\mathrm{D}}\rho_{\mathrm{g}}\left(v_{\mathrm{g}}-v_{\mathrm{p}}\right)^{2}-\frac{\pi d_{\mathrm{p}}^{3}}{6}g\left(\rho_{\mathrm{p}}-\rho_{\mathrm{f}}\right)=0 \tag{7-39}$$

因此，可以得

$$v_{\mathrm{p}}=v_{\mathrm{g}}-\sqrt{\frac{4g}{3}\frac{d_{\mathrm{p}}\left(\rho_{\mathrm{p}}-\rho_{\mathrm{f}}\right)}{C_{\mathrm{D}}\rho_{\mathrm{f}}}} \tag{7-40}$$

令

$$v_{\mathrm{gcr}}=\sqrt{\frac{4g}{3}\frac{d_{\mathrm{p}}\left(\rho_{\mathrm{p}}-\rho_{\mathrm{f}}\right)}{C_{\mathrm{D}}\rho_{\mathrm{f}}}} \tag{7-41}$$

则根据式(7-41)分析可得：

当 $v_{\mathrm{g}}>v_{\mathrm{gcr}}$ 时，则 $v_{\mathrm{p}}>0$，表示硫颗粒向井口方向运动；

当 $v_{\mathrm{g}}=v_{\mathrm{gcr}}$ 时，则 $v_{\mathrm{p}}=0$，表示硫颗粒相对静止悬浮；

当 $v_{\mathrm{g}}<v_{\mathrm{gcr}}$ 时，则 $v_{\mathrm{p}}>0$，表示硫颗粒向井底方向运动。

因此只要流体流速大于临界速度 v_{gcr}，就可以携带硫颗粒向上运动，避免硫颗粒在析出位置悬浮滞留或向井底沉积。v_{gcr} 即所要求的固体硫颗粒悬浮的临界流速。

式(7-41)并不能直接用来计算实际颗粒的临界悬浮速度，因为：

$$C_{\mathrm{D}}=\frac{\alpha}{Re},\quad Re=\frac{v_{\mathrm{gcr}}d_{\mathrm{p}}\rho_{\mathrm{f}}}{\mu_{\mathrm{f}}} \tag{7-42}$$

即 C_{D} 是关于 Re 的函数，而 Re 又是关于 v_{gcr} 的函数。因此用下述分区悬浮速度公式来计算，即根据不同阻力特性的粒径范围来判定流态。

(1)黏性阻力区(滞流区)($Re\leqslant1$)：

$$C_{\mathrm{D}}=\frac{24}{Re} \tag{7-43}$$

将式(7-43)代入式(7-42)得

$$v_{\mathrm{gcr}}=\frac{d_{\mathrm{p}}^{2}\left(\rho_{\mathrm{p}}-\rho_{\mathrm{f}}\right)}{18\mu_{\mathrm{f}}} \tag{7-44}$$

又因为 $v_{\mathrm{gcr}}=\dfrac{Re\mu_{\mathrm{f}}}{d_{\mathrm{p}}\rho_{\mathrm{f}}}$，所以得

$$v_{\mathrm{gcr}}=\frac{d_{\mathrm{p}}^{2}\left(\rho_{\mathrm{p}}-\rho_{\mathrm{f}}\right)}{18\mu_{\mathrm{f}}}=\frac{Re\mu_{\mathrm{f}}}{d_{\mathrm{p}}\rho_{\mathrm{f}}} \tag{7-45}$$

由上式可得

$$d_{\mathrm{p}}=\left[\frac{18Re}{g}\frac{\mu_{\mathrm{f}}^{2}}{\rho_{\mathrm{f}}\left(\rho_{\mathrm{p}}-\rho_{\mathrm{f}}\right)}\right]^{1/3} \tag{7-46}$$

在黏性阻力区 $Re \leqslant 1$，将其代入式(7-46)得

$$d_p \leqslant 1.225 \left[\frac{\mu_f^2}{\rho_f (\rho_p - \rho_f)} \right]^{1/3} \tag{7-47}$$

(2)过渡区 $(1 \leqslant Re \leqslant 500)$：

$$C_D = \frac{10}{\sqrt{Re}} \tag{7-48}$$

同上分析，可以求得如下不等式：

$$1.225 \left[\frac{\mu_f^2}{\rho_f (\rho_p - \rho_f)} \right]^{1/3} \leqslant d_p \leqslant 20.4 \left[\frac{\mu_f^2}{\rho_f (\rho_p - \rho_f)} \right]^{1/3} \tag{7-49}$$

即当硫颗粒粒径满足此不等式时，悬浮临界流速计算式为

$$v_{gcr} = 1.196 d_p \left[\frac{(\rho_p - \rho_f)^2}{\mu_f \rho_f} \right]^{1/3} \tag{7-50}$$

(3)压差阻力区(紊流区) $(500 \leqslant Re \leqslant 2 \times 10^5)$：

$$C_D = 0.44 \tag{7-51}$$

适用于该区的粒径范围为

$$20.4 \left[\frac{\mu_f^2}{\rho_f (\rho_p - \rho_f)} \right]^{1/3} \leqslant d_p \leqslant 1100 \left[\frac{\mu_f^2}{\rho_f (\rho_p - \rho_f)} \right]^{1/3} \tag{7-52}$$

当悬浮颗粒在此粒径范围时，悬浮速度计算式为

$$v_{gcr} = 5.45 \sqrt{\frac{d_p (\rho_p - \rho_f)}{\rho_f}} \tag{7-53}$$

同悬浮临界流速相对应的就是气井临界携硫流量 Q_{cr}，即认为在现场生产时，只要气井产气量大于临界携硫流量，井筒中的硫颗粒就能被携带出井口。气井临界携硫产气量可用下式计算：

$$Q_{cr} = 24 \times 3600 \times v_{gcr} \times \frac{\pi d^2}{4} \times \left(\frac{Z_{sc} T_{sc}}{p_{sc}} \right) \left(\frac{p}{Z T_f} \right) \tag{7-54}$$

式中，Q_{cr}——气流携带硫颗粒所需的临界流量，$10^4 \mathrm{m}^3 \cdot \mathrm{d}^{-1}$；

Z_{sc}——标准状态下的压缩系数，取 $Z_{sc} = 1$；

Z——硫颗粒在井筒位置处的气体压缩系数；

p_{sc}、T_{sc}——标准状态下气体的压力(Pa)、温度(℃)；

p、T_f——硫颗粒在井筒位置处的压力(Pa)、温度(℃)。

另外，由统计学得到硫晶体粒径主要为 $70 \sim 80 \mu m$，取平均值 $\overline{d_p} = 75 \mu m$，取固态硫的密度为 $1960 \mathrm{kg} \cdot \mathrm{m}^{-3}$，以进行临界携硫流量计算。

通过对临界携硫流量的理论研究，本书采用 VB6.0 程序编译的酸性气井常用数据计算软件计算临界携硫流量，软件界面如图 7-17 所示。在对临界携液流量的研究中，认识到可通过井底条件计算临界携液流量，虽然临界携液流量和临界携硫流量的计算公式不

同，但其形式是很相似的，故也可对临界携硫流量采用井底条件进行计算。由于前文对典型单井进行了硫析出和硫沉积计算，故这里仅结合相关数据进行临界携硫流量计算。结合 A 气田实际情况，分别预测在气田开发初期、中期、末期的临界携硫流量，计算结果如表 7-3 所示。

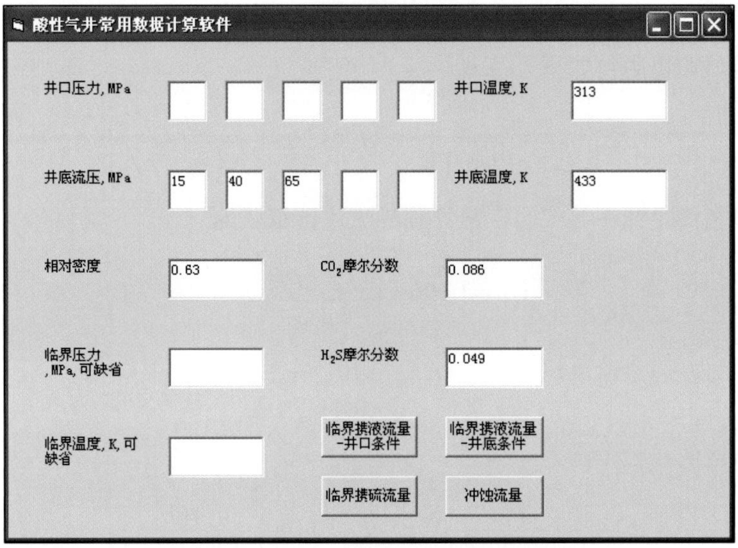

图 7-17　酸性气井常用数据计算软件界面

表 7-3　A 气田不同开发时期临界携硫流量预测表

开发时期	井底流压/MPa	临界携硫流量/($10^4\mathrm{m}^3\cdot\mathrm{d}^{-1}$)	
		2.5in	3in
初期	65	1.12	1.61
中期	40	0.98	1.41
末期	15	0.66	0.94

从表 7-2、表 7-3 可以看出，临界携硫流量比临界携液流量小很多。从 A 气田的各单井数据来看，各井不会出现硫沉积现象。

7.2.3　单井冲蚀流量

气井开采过程中，井下油（套）管因多种因素会产生各种类型的腐蚀，使气井的生产受到很大的影响。其中，井筒中高速气体产生的冲蚀对油（套）管腐蚀的作用尤为显著。因为高速气体使腐蚀介质（H_2S、CO_2 等）在金属表面上运动（冲击和湍流），在气体杂质机械磨损和腐蚀共同作用下，使腐蚀加速；同时高速气体含有水蒸气，且流动不规则，使得气泡在金属表面不断产生和消失。气泡消失时，周围的高压形成大压差，使靠近气泡的金属表面产生水锤作用，致使表面保护膜破裂，腐蚀继续深入。气体流速若超过一定的范围，随着流速增高，冲蚀加剧，如果气流速度增加 3.7 倍，腐蚀速度会增加 5 倍，而且主要发生在井口设备和油管处。

高速气体在管内流动时发生显著冲蚀作用的流速称为冲蚀流速。当气流速度低于冲蚀流速时，冲蚀不明显；当气流速度高于冲蚀流速时，采气管柱产生明显的冲蚀，严重影响气井的安全生产。因此，1984 年，Beggs(1984)提出了计算冲蚀流速的关系式：

$$v_e = \frac{122}{\rho_g^{0.5}} \tag{7-55}$$

其中，

$$\rho_g = 3484.4\frac{\gamma_g p}{ZT} \tag{7-56}$$

式中，v_e——冲蚀速率，$m\cdot s^{-1}$；

　　　ρ_g——气体密度，$kg\cdot m^{-3}$；

　　　γ_g——气体相对密度；

　　　p——油(套)管流动压力，MPa；

　　　Z——气体偏差系数；

　　　T——气体温度，K。

将式(7-56)代入式(7-55)得

$$v_e = 2.0329\left(\frac{ZT}{\gamma_g p}\right)^{0.5} \tag{7-57}$$

冲蚀流速与气井相应的冲蚀流量及油管内径的关系式可由下式表示：

$$v_e = 0.147\frac{q_e}{d^2} \tag{7-58}$$

将式(7-58)代入式(7-57)，整理可得

$$q_e = 13.8\left(\frac{ZT}{\gamma_g p}\right)^{0.5} d^2 \tag{7-59}$$

冲蚀流量与地面标准条件下体积流量的关系式：

$$q_{max} = \frac{Z_{sc}T_{sc}}{p_{sc}}\frac{p}{ZT}q_e \tag{7-60}$$

当地面标准条件为 p_{sc}=0.101MPa、T_{sc}=293K、Z_{sc}=1.0 时，则有

$$q_{max} = 40434\left(\frac{p}{ZT\gamma_g}\right)^{0.5} d^2 \tag{7-61}$$

式中，q_{max}——地面标准条件下气井受冲蚀流速约束确定的产气量，$10^4 m^3\cdot d^{-1}$。

仍然以井底条件作为限制条件，结合 VB6.0 软件编译的酸性气井常用数据计算软件计算 A 气田在开发初期、中期、末期的冲蚀流量，预测结果如表 7-4 所示。

表 7-4 A 气田不同开发时期临冲蚀流量预测表

开发时期	井底流压/MPa	冲蚀流量/($10^4\text{m}^3\cdot\text{d}^{-1}$)	
		2.5in	3in
初期	65	66.7	100
中期	40	56.9	86.3
末期	15	38.9	56

7.2.4 试采法

试采法是确定气井合理产量最直接的方法。气井通过试采，调整工作制度，进而确定气井最合理的配产。

2010 年 10 月 21 日～11 月 3 日，本课题组对 204 井长兴组进行了焚烧试采(14d)，试采曲线如图 7-18 所示。试采共分为两个阶段，采用了不同的工作制度，初期配产为 $41\times10^4\text{m}^3$，生产时间为 5d，井口油压从 44.6MPa 下降至 44.1MPa，阶段产气 $204\times10^4\text{m}^3$；之后调整配产为 $32\times10^4\text{m}^3\cdot\text{d}^{-1}$，生产时间为 9d，油压基本稳定在 47MPa，阶段产气 $288\times10^4\text{m}^3$。从试采动态来看，配产为 $41\times10^4\text{m}^3\cdot\text{d}^{-1}$ 时油压及生产压力比较稳定，预计产量为 $40\times10^4\text{m}^3\cdot\text{d}^{-1}$ 时可以稳产，合理产量约为 $1/7\,q_{\text{AOF}}$。

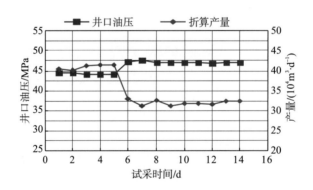

图 7-18 204 井焚烧试采曲线

7.2.5 采气指示曲线

由气井二项式产能方程可以看出，当地层压力一定时，生产压差只是气井产量的函数，当产量较小时，气井生产压差与产量呈直线关系(达西渗流)；随产量增加，气井生产压差与产量呈曲线关系且凹向压差轴，即惯性造成的附加阻力增加。一般情况下，气井的合理配产应该保证气体不出现湍流，即在二项式产能曲线上沿早期达西渗流直线段向外延伸，直线与二项式产能曲线切点所对应的产量即为气井的合理产量，这种确定气井合理产量的配产方法通常称为采气曲线法(一点法)。

利用一点法及系统测试计算出来的无阻流量，再结合各测试段的产量和井底流压可以求出各井测试段的二项式产能方程。

A 气田试采区、滚动区生产井二项式产能方程统计如表 7-5 所示。

表 7-5　A 气田试采区、滚动区生产井二项式产能方程统计表

井号	二项式产能方程
10-1H 井	$p_r^2 - p_{wf}^2 = 0.1477q^2 + 6.3258q$
10-侧 1 井	$P_r^2 - P_{wf}'^2 = 0.1425q^2 + 0.2286q$
12 井	$p_r^2 - p_{wf}^2 = 0.2375q^2 + 7.8954q$
27-3H 井	$p_r^2 - p_{wf}^2 = 0.022q^2 + 2.061q$
28 井	$p_r^2 - p_{wf}^2 = 0.1062q^2 + 4.5299q$
29 井	$p_r^2 - p_{wf}^2 = 0.0124q^2 + 1.054q$
29-2 井	$p_r^2 - p_{wf}^2 = 0.0139q^2 + 1.1668q$
101-1H 井	$p_r^2 - p_{wf}^2 = 0.1163q^2 + 5.8604q$
102 侧 1 井	$p_r^2 - p_{wf}^2 = 0.6522q^2 + 12.565q$
102-2H 井	$p_r^2 - p_{wf}^2 = 0.1003q^2 + 5.1741q$
103H 井	$P_r^2 - P_{wf}'^2 = 0.0128q^2 + 0.0967q$
104 井	$p_r^2 - p_{wf}^2 = 0.0893q^2 + 4.7846q$
107 井	$p_r^2 - p_{wf}^2 = 0.2929q^2 + 8.7636q$
121H 井	$p_r^2 - p_{wf}^2 = 0.4993q^2 + 11.04q$
124 侧 1 井	$P_r^2 - P_{wf}'^2 = 0.9617q^2 + 0.8504q$
204-1H 井	$p_r^2 - p_{wf}^2 = 0.0223q^2 + 1.6015q$
205 井	$p_r^2 - p_{wf}^2 = 0.0292q^2 + 2.7523q$
205-1 井	$p_r^2 - p_{wf}^2 = 0.0389q^2 + 2.1525q$
271 井	$p_r^2 - p_{wf}^2 = 0.027q^2 + 0.5216q$

A 气田初期评价井（长兴组）二项式产能公式统计如表 7-6 所示。

表 7-6　A 气田初期评价井二项式产能方程统计表

井号	二项式产能方程
1 井	$p_r^2 - p_{wf}^2 = 34272q^2 + 2973q$
1-侧 1 井	$p_r^2 - p_{wf}^2 = 0.91q^2 + 11.536q$
2 井长兴组第一段	$p_r^2 - p_{wf}^2 = 41.327q^2 + 780.46q$
2 井长兴组第二段	$p_r^2 - p_{wf}^2 = 20.013q^2 + 51.419q$

井号	二项式产能方程
11 井	$p_r^2 - p_{wf}^2 = 0.3408q^2 + 8.6172q$
12 井	$p_r^2 - p_{wf}^2 = 0.2375q^2 + 7.8954q$
16 井	$p_r^2 - p_{wf}^2 = 201.58q^2 + 195.63q$
27 井	$p_r^2 - p_{wf}^2 = 0.1275q^2 + 5.6181q$
29 井	$p_r^2 - p_{wf}^2 = 0.0198q^2 + 1.472q$
101 井	$p_r^2 - p_{wf}^2 = 1.6615q^2 + 17.058q$
123 井	$p_r^2 - p_{wf}^2 = 62.91q^2 + 104.84q$
204 井	$p_r^2 - p_{wf}^2 = 7.9002q^2 + 0.0324q$

根据上述二项式产能方程，绘制测试层段的二项式产能曲线，如图 7-19～图 7-37 所示。

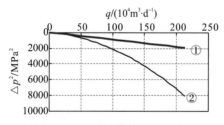

图 7-19　10-1H 井采气指示曲线

注：曲线①表示无阻流量与压差的关系，
　　曲线②是根据产能方程求得的产量。后同。

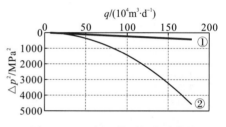

图 7-20　10-侧 1 井采气指示曲线

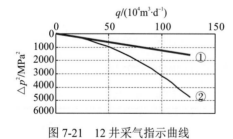

图 7-21　12 井采气指示曲线

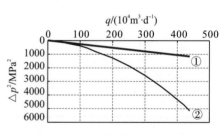

图 7-22　27-3H 井采气指示曲线

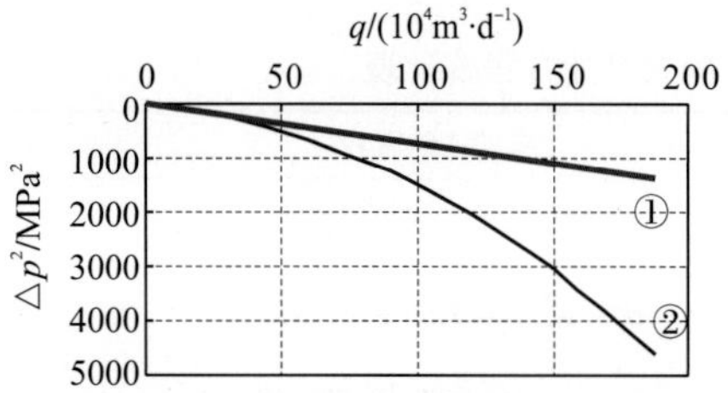

图 7-23　28 井采气指示曲线

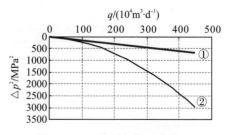

图 7-24　29 井采气指示曲线

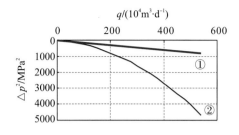

图 7-25　29-2 井采气指示曲线

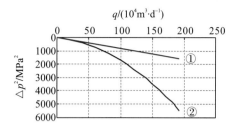

图 7-26　101-1H 井采气指示曲线

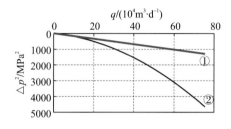

图 7-27　102-侧 1 井采气指示曲线

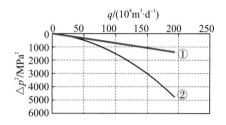

图 7-28　102-2H 井采气指示曲线

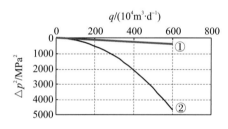

图 7-29　103H 井采气指示曲线

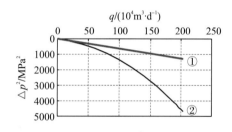

图 7-30　104 井采气指示曲线

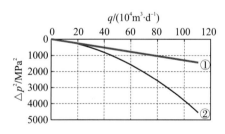

图 7-31　107 井采气指示曲线

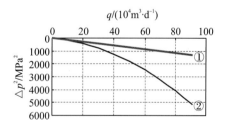

图 7-32　121H 井采气指示曲线

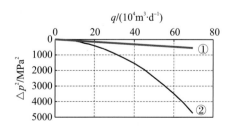

图 7-33　124-侧 1 井采气指示曲线

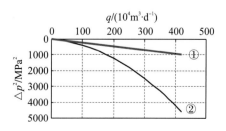

图 7-34　204-1H 井采气指示曲线

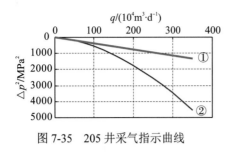

图 7-35　205 井采气指示曲线

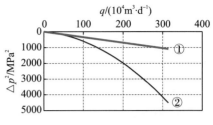

图 7-36　205-1H 井采气指示曲线

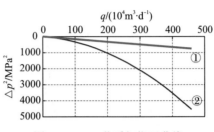

图 7-37　271 井采气指示曲线

另外，本书还绘制了部分评价井的采气指示曲线，如图 7-38～图 7-49 所示。

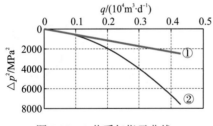

图 7-38　1 井采气指示曲线

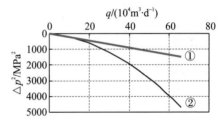

图 7-39　1 侧 1 井采气指示曲线

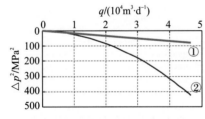

图 7-40　2 井长兴组第一段采气指示曲线

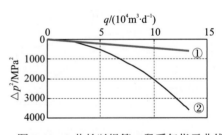

图 7-41　2 井长兴组第二段采气指示曲线

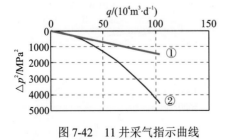

图 7-42　11 井采气指示曲线

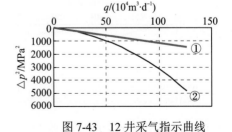

图 7-43　12 井采气指示曲线

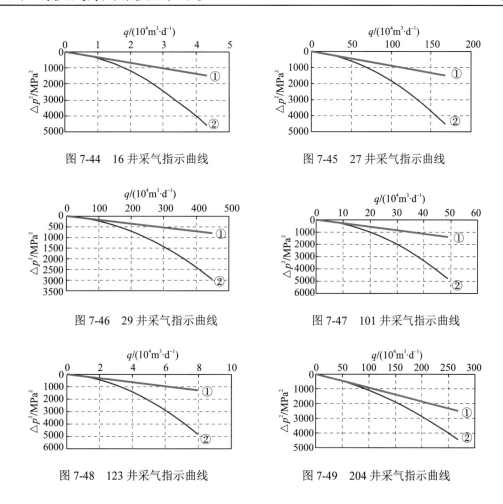

图 7-44　16 井采气指示曲线　　　　图 7-45　27 井采气指示曲线

图 7-46　29 井采气指示曲线　　　　图 7-47　101 井采气指示曲线

图 7-48　123 井采气指示曲线　　　　图 7-49　204 井采气指示曲线

对于已进行"一点法"产能测试或系统测试、有二项式产能方程的生产井,通过合理产量确定原则,拟初步采用以下配产方案(表 7-7)。

表 7-7　A 气田试采区、滚动区各气井合理配产

井名	无阻流量/($10^4 m^3 \cdot d^{-1}$)	建议配产/($10^4 m^3 \cdot d^{-1}$)	合理配产占无阻流量的比重	是否新井	备注
28 井	188.16	28	1/7	新井	—
204-1H 井	420.92	50	1/8	新井	—
205-1 井	314.36	50	1/6	新井	—
101-1H 井	192.95	28	1/7	新井	—
29-2 井	536.82	50	1/11	新井	—
107 井	110.66	16	1/7	新井	—
10-1H 井	213.78	25	1/9	新井	—
102-2H 井	194.18	25	1/8	新井	需考虑水体影响
27-3H 井	440.47	50	1/9	新井	—
121H 井	91.31	10	1/9	新井	—

井名	无阻流量/($10^4m^3\cdot d^{-1}$)	建议配产/($10^4m^3\cdot d^{-1}$)	合理配产占无阻流量的比重	是否新井	备注
10 侧 1 井	178.65	20	1/9	利用井	需考虑水体影响
271 井	456.03	30	1/15	利用井	—
103H 井	472.33	60	1/10	利用井	需考虑水体影响
205 井	351.04	50	1/7	利用井	—
29 井	448.92	50	1/9	利用井	—
102 侧 1 井	75.45	10	1/8	利用井	—
104 井	203.89	30	1/7	利用井	—
12 井	126.54	25	1/5	利用井	—
124 侧 1 井	66.08	10	1/7	利用井	—

从表 7-7 可以看出,使测试段不出现湍流的直井合理产量约为无阻流量的 1/7;大斜度井合理产量主要为无阻流量的 1/6～1/9,平均为 1/8;水平井的合理产量为无阻流量的 1/8～1/10,平均为 1/9。

7.2.6 类比法

对于没有进行产能测试的生产井,拟通过试井或测井解释成果,以及部分原有资料,统计无阻流量与地层系数的关系,并结合每口井周围地层系数计算无阻流量,分别按井型进行配产,直井取无阻流量的 1/7,大斜度井取 1/8,水平井取 1/9,并将该结果在数值模型中进行调整后确定合理配产。

礁相无阻流量(q_{AoF})与试井地层系数(kh,即有效渗透率与有效地层厚度的乘积)拟合曲线如图 7-50 所示。

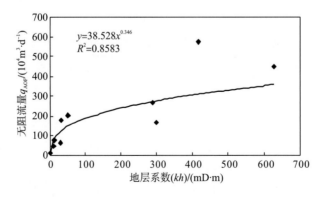

图 7-50 A 气田礁相地层无阻流量与试井地层系数关系图

从图 7-50 可以回归出礁相地层无阻流量与试井地层系数的关系式为

$$q_{\text{AOF}} = 38.528(kh)^{0.346} \tag{7-62}$$

滩相无阻流量与试井地层系数拟合曲线如图 7-51 所示。

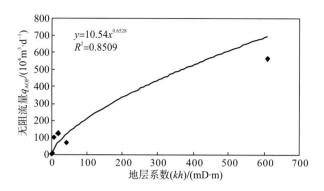

图 7-51　A 气田滩相无阻流量与试井地层系数关系图

从图 7-51 可以回归出滩相地层无阻流量与地层系数的关系式为

$$q_{AOF} = 10.54(kh)^{0.6528} \qquad\qquad (7-63)$$

礁相无阻流量与测井地层系数拟合曲线如图 7-52 所示。

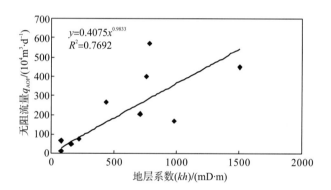

图 7-52　A 气田礁相地层无阻流量与测井地层系数关系图

滩相无阻流量与测井地层系数拟合曲线如图 7-53 所示。

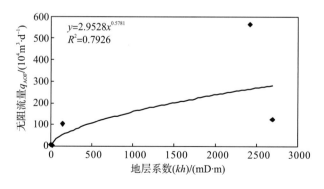

图 7-53　A 气田滩相地层无阻流量与测井地层系数关系图

从图 7-52、图 7-53 可以分别回归出礁相、滩相地层无阻流量与测井地层系数的关系式为

$$q_{\text{AOF}} = 0.4075(kh)^{0.9833} \tag{7-64}$$

$$q_{\text{AOF}} = 2.9528(kh)^{0.5781} \tag{7-65}$$

结合各井周围地层的地层系数，从而推算出没有产能测试数据的各井初期配产。

同时需要说明的是：上述气井的配产方案只是对各井区气井合理产量的一个建议，实际气井配产需要结合气井的具体情况，通过数值模拟方法确定。

第8章 高含硫底水气藏渗流数学模型

8.1 高含硫气藏双重介质几何模型

Warren-Root 模型是经典的双重介质模型，裂缝互相正交，网状均匀分布。该模型假设整个模型是由区域内基质系统和裂缝系统构成的连续体，而基质系统和裂缝系统在渗流场中的压力分布系统是不同的。Warren-Root 模型中假设主要流动通道是裂缝，主要的储集空间是基质，因为基质系统渗透率远小于裂缝系统渗透率，而基质系统的孔隙度远大于裂缝系统孔隙度，如图 8-1 所示。在气藏开采过程中，压力下降，流体由基质系统流入裂缝系统，再由裂缝系统流入井筒，且不能直接由基质系统流入井筒，即双孔单渗。

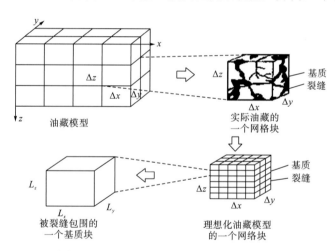

图 8-1 Warren-Root 双重介质简化几何模型

8.2 数学模型假设条件

建立气-水-固三相渗流数学模型时，假设条件如下：
(1)初始条件下元素硫处于饱和状态(溶解平衡状态)；
(2)气藏中气、水两相互不相溶，硫颗粒只在气相中流动；
(3)流体在基质-裂缝系统中的流动服从达西定律；
(4)忽略重力、毛管压力的影响；
(5)气藏中的渗流为等温渗流。

8.3　数学模型的建立

8.3.1　气与水相连续性方程

根据达西渗流规律，高含硫气藏气相的运动方程如下：

$$v_{\text{g}} = -\frac{K_{\text{g}}}{\mu_{\text{g}} L}\Delta p \tag{8-1}$$

式中，K_{g}——储层气相渗透率，μm^2；

　　　L——储层长度，cm；

　　　Δp——储层两端的压差，MPa；

　　　μ_{g}——储层流体黏度，mP·s。

令 $\nabla = \dfrac{\partial}{\partial x} + \dfrac{\partial}{\partial y} + \dfrac{\partial}{\partial z}$，则式(8-1)变换为

$$v_{\text{g}} = -\frac{K_{\text{g}}}{\mu_{\text{g}}}\nabla p \tag{8-2}$$

单元体内气体质量随时间变化的关系可表示为

$$\Delta M = M_{t+\Delta t} - M_t = \left(V_{\text{b}}\varphi S_{\text{g}}\rho_{\text{g}}\right)_{t+\Delta t} - \left(V_{\text{b}}\varphi S_{\text{g}}\rho_{\text{g}}\right)_t \tag{8-3}$$

单元体内单位时间内气体的流入量为

$$M_1 = \left(\Delta t\rho_{\text{g}} v_{\text{g}}\Delta y\Delta z\right)_x + \left(\Delta t\rho_{\text{g}} v_{\text{g}}\Delta x\Delta z\right)_y + \left(\Delta t\rho_{\text{g}} v_{\text{g}}\Delta x\Delta y\right)_z \tag{8-4}$$

单元体内单位时间内气体的流出量为

$$M_2 = \left(\Delta t\rho_{\text{g}} v_{\text{g}}\Delta y\Delta z\right)_{x+\Delta x} + \left(\Delta t\rho_{\text{g}} v_{\text{g}}\Delta x\Delta z\right)_{y+\Delta y} + \left(\Delta t\rho_{\text{g}} v_{\text{g}}\Delta x\Delta y\right)_{z+\Delta z} \tag{8-5}$$

根据质量守恒，此时有

$$\Delta M = M_1 - M_2 + q_{\text{g}} \tag{8-6}$$

将式(8-3)～式(8-5)代入式(8-6)，变换整理得

$$\frac{\partial\left(\varphi S_{\text{g}}\rho_{\text{g}}\right)}{\partial t} = -\frac{\partial\left(\rho_{\text{g}} v_{\text{g}}\right)}{\partial x} - \frac{\partial\left(\rho_{\text{g}} v_{\text{g}}\right)}{\partial y} - \frac{\partial\left(\rho_{\text{g}} v_{\text{g}}\right)}{\partial z} + \frac{q_{\text{g}}}{V_{\text{b}}} \tag{8-7}$$

将式(8-2)代入式(8-7)得

$$\frac{\partial\left(\varphi S_{\text{g}}\rho_{\text{g}}\right)}{\partial t} = \nabla\left(\frac{\rho_{\text{g}} K_{\text{g}}}{\mu_{\text{g}}}\nabla p\right) + \frac{q_{\text{g}}}{V_{\text{b}}} \tag{8-8}$$

同理，建立的水相连续性方程为

$$\frac{\partial\left(\varphi S_{\text{w}}\right)}{\partial t} = \nabla\left(\frac{K_{\text{w}}}{\mu_{\text{w}}}\nabla p\right) + \frac{q_{\text{w}}}{V_{\text{b}}\rho_{\text{w}}} \tag{8-9}$$

式中，ρ_{g}——气体密度，kg·m^{-3}；

　　　μ_{g}——气体黏度，mPa·s；

S_g ——含气饱和度；

q_g ——气体源汇项，$kg \cdot s^{-1}$；

V_b ——单元体视体积，m^3；

φ ——有效孔隙度；

μ_w ——水相黏度，$mPa \cdot s$；

S_w ——含水饱和度；

q_w ——水相源汇项，$kg \cdot s^{-1}$。

8.3.2　硫颗粒的连续性方程

在单元体内，硫以三种状态存在于高含硫气体中，这三种方式分别是：①以析出的形式溶解在气体中；②随气体运移悬浮在气体中，③析出后沉积在储层中。根据质量守恒，这三种状态存在的硫质量之和就是元素硫在单元体内的总量。因此固相连续性方程可以根据这三部分连续性方程累计相加得到。

由于硫在未析出时是溶解在气体中的，应与此时的气体具有相同的速度，所以在 Δt 内进入单元体内的硫质量为

$$M_1 = \left(v_{g,t,x} \Delta y \Delta z \Delta t + v_{g,t,y} \Delta x \Delta z \Delta t + v_{g,t,z} \Delta y \Delta x \Delta t \right) \rho_s \tag{8-10}$$

流出单元体内的硫质量为

$$M_2 = \left(v_{g,t,x+\Delta x} \Delta y \Delta z \Delta t + v_{g,t,y+\Delta y} \Delta x \Delta z \Delta t + v_{g,t,z+\Delta z} \Delta y \Delta x \Delta t \right) \rho_s \tag{8-11}$$

在单元体内 Δt 时间里溶解硫的变化量为

$$\Delta M = \Delta x \Delta y \Delta z S_g \varphi \rho_s \left(C_{s,t} - C_{s,t+\Delta t} \right) \tag{8-12}$$

假设单位时间内析出的硫质量为 q_{rs}，则有

$$\Delta M = M_1 - M_2 - q_{rs} \tag{8-13}$$

将式(8-10)~式(8-12)代入式(8-13)中，此时可得到溶解硫的连续性方程：

$$\frac{\partial u_g}{\partial x} + \frac{\partial u_g}{\partial y} + \frac{\partial u_g}{\partial z} - \frac{q_{rs}}{V_b \rho_s} = \frac{\partial \left(S_g C_s \right)}{\partial t} \varphi \tag{8-14}$$

同理，可得到悬浮硫的连续性方程：

$$\frac{\partial u_s}{\partial x} + \frac{\partial u_s}{\partial y} + \frac{\partial u_s}{\partial z} + \frac{q_{rs}}{V_b \rho_s} - \frac{q_{as}}{V_b \rho_s} = \frac{\partial \left(S_s C_s' \right)}{\partial t} \varphi \tag{8-15}$$

以及吸附沉积硫的连续性方程：

$$\frac{q_{as}}{V_b \rho_s} = \frac{\partial S_s}{\partial t} \varphi \tag{8-16}$$

式中，C_s ——溶解在气体中的硫的体积浓度，$m^3 \cdot m^{-3}$；

C_s' ——悬浮在气体中的硫的体积浓度，$m^3 \cdot m^{-3}$；

ρ_s ——固硫密度，$kg \cdot m^{-3}$；

S_s ——含硫饱和度；

q_s——固相源汇项，$kg \cdot s^{-1}$；

u_s——硫微粒的速度，$m \cdot s^{-1}$；

q_{rs}——硫在单位时间内析出的质量，$kg \cdot s^{-1}$；

q_{as}——硫在单位时间内吸附沉积硫的质量，$kg \cdot s^{-1}$。

将式(8-14)、式(8-15)、式(8-16)相加，得到气藏中固相的连续性方程：

$$\nabla\left(\frac{K}{\mu_g}\nabla p\right) + \nabla\left(u_s\right) = \frac{\partial\left[\left(S_g C_s + S_g C_s' + S_s\right)\varphi\right]}{\partial t} + \frac{q_s}{V_b \rho_s} \tag{8-17}$$

1.裂缝系统

气相连续性方程：

$$\nabla\left(\frac{\rho_{gf} K_{gf}}{\mu_{gf}}\nabla p_f\right) = \frac{\partial\left(\varphi_f S_{gf} \rho_{gf}\right)}{\partial t} + \frac{q_g}{V_b} - \rho_{gm} q_{gmf} \tag{8-18}$$

水相连续性方程：

$$\nabla\left(\frac{K_{wf}}{\mu_{wf}}\nabla p_f\right) = \frac{\partial\left(\varphi_f S_{wf}\right)}{\partial t} + \frac{q_w}{V_b \rho_w} - \frac{q_{dws}}{\rho_w} - q_{wmf} \tag{8-19}$$

固相连续性方程：

$$\nabla\left(\frac{K_{gf}}{\mu_{gf}}\nabla p_f\right) + \nabla\left(u_{sf}\right) = \frac{\partial\left[\left(S_{gf} C_{sf} + S_{gf} C_{sf}' + S_{sf}\right)\varphi_f\right]}{\partial t} + \frac{q_s}{V_b \rho_s} - q_{smf} \tag{8-20}$$

2.基质系统

气相连续性方程：

$$\nabla\left(\frac{\rho_{gm} K_{gm}}{\mu_{gm}}\nabla p_m\right) = \frac{\partial\left(\varphi_m S_{gm} \rho_{gm}\right)}{\partial t} + \rho_{gm} q_{gmf} \tag{8-21}$$

水相连续性方程：

$$\nabla\left(\frac{K_{wm}}{\mu_{wm}}\nabla p_m\right) = \frac{\partial\left(\varphi_m S_{wm}\right)}{\partial t} + q_{wmf} \tag{8-22}$$

固相连续性方程：

$$\nabla\left(\frac{K_{gm}}{\mu_{gm}}\nabla p_m\right) + \nabla\left(u_{sm}\right) = \frac{\partial\left[\left(S_{gm} C_{sm} + S_{gm} C_{sm}' + S_{sm}\right)\varphi_m\right]}{\partial t} + q_{smf} \tag{8-23}$$

式中，下标 f——裂缝系统；

下标 m——基质系统；

q_{dws}——单位时间内水体侵入量，$m^3 \cdot d^{-1}$；

q_{gmf}——裂缝与基质之间气相的窜流项，s^{-1}；

q_{wmf}——裂缝与基质之间水相的窜流项，s^{-1}；

q_{smf}——裂缝与基质之间固相的交换项，s^{-1}。

其中，窜流项 q_{gmf}、q_{wmf} 和 q_{smf} 可由基质与裂缝压力差来表示：

$$q_{\text{gmf}} = \alpha \left(\frac{K_{\text{gm}}}{\mu_{\text{gm}}} \right) \left(p_{\text{m}} - p_{\text{f}} \right) \tag{8-24}$$

$$q_{\text{wmf}} = \alpha \left(\frac{K_{\text{wm}}}{\mu_{\text{wm}}} \right) \left(p_{\text{m}} - p_{\text{f}} \right) \tag{8-25}$$

$$q_{\text{smf}} = \alpha \left(\frac{K_{\text{gm}}}{\mu_{\text{gm}}} \right) \left(p_{\text{m}} - p_{\text{f}} \right) C_{\text{s}} \tag{8-26}$$

其中，α 表示基质与裂缝间的沟通程度，称为形状因子。它受基质的几何形状及裂缝的密集程度影响，通常采用 Warren-Root 方法计算：

$$\alpha = \frac{4n(n+2)}{l^2} \tag{8-27}$$

式中，n——正交裂缝的组数；

l——基质岩块的特征长度，m。

或者采用改进的 Warren-Root 三维模型形状因子计算方法：

$$\alpha = 4 \left(\frac{1}{L_x^2} + \frac{1}{L_y^2} + \frac{1}{L_z^2} \right) \tag{8-28}$$

式中，L_x、L_y、L_z——网格 x、y、z 方向的尺寸长度，m。

8.3.3　模型辅助方程

三相饱和度关系：

$$\begin{cases} S_{\text{gf}} + S_{\text{wf}} + S_{\text{sf}} = 1 \\ S_{\text{gm}} + S_{\text{wm}} + S_{\text{sm}} = 1 \end{cases} \tag{8-29}$$

气体密度关系：

$$\rho_{\text{g}} = \rho_{\text{g}} \left[p, T, Z_i (i = 1, 2, \cdots, n+1) \right] \tag{8-30}$$

气体黏度关系：

$$\mu_{\text{g}} = \mu_{\text{g}} \left[p, T, Z_i (i = 1, 2, \cdots, n+1) \right] \tag{8-31}$$

考虑固硫伤害的气相渗透率模型：

$$K_{\text{g}} = K_{\text{a}} \exp \left(\alpha S_{\text{s}} \right) \tag{8-32}$$

8.3.4　模型的边界条件

在建立的油气藏数学模型中边界条件包括了外边界条件与内边界条件。

1.外边界条件

气藏外边界条件是指气藏的几何边界所处的状态，分为定压外边界与定流量外边界。

1）定压外边界

气藏定压外边界是指气藏的外边界压力与时间变化无关，处于一定值，其表示为

$$p\big|_{G} = \text{const.} \tag{8-33}$$

2）定流量外边界

气藏定流量外边界是指气藏外边界的流体流量与时间变化无关，处于一定值，其表示为

$$\frac{\partial \Phi}{\partial n}\bigg|_{G} = \text{const.} \tag{8-34}$$

式中，下标 G——外边界；

Φ——流体势。

当 $\dfrac{\partial \Phi}{\partial n}\bigg|_{G} = 0$ 时，即为封闭的外边界。

2.内边界条件

气藏内边界条件通常是指井的工作制度，通常分为定产量与定井底压力生产。

1）定产量内边界

在模拟计算中，生产井的产量为已知条件，其表示为

$$q\big|_{r=r_{w}} = \text{const.} \tag{8-35}$$

2）定压力内边界

在模拟计算中，生产井的井底压力为已知条件，其表示为

$$p\big|_{r=r_{w}} = \text{const.} \tag{8-36}$$

8.3.5 初始条件

油气藏数学模型的初始条件是指在给定模拟的开始时刻($t=0$)，油气藏压力和饱和度在模型每个空间点上的分布情况。

初始时刻的储层压力为

$$p(x,y,z,t)\big|_{t=0} = p_{0} \tag{8-37}$$

初始时高含硫流体没有硫沉积现象，而是以气-水相为主，即初始饱和度为

$$S(x,y,z,t)\big|_{t=0} = S_{0} \tag{8-38}$$

$$\begin{cases} S_{sf}(x,y,z,t)\big|_{t=0} = 0 \\ S_{sm}(x,y,z,t)\big|_{t=0} = 0 \end{cases} \tag{8-39}$$

以上便是高含硫底水气藏模型。

8.4　数学模型的求解

模型的数值求解，就是对基质系统和裂缝系统的连续性方程组进行数值求解，即连续性方程组进行差分计算。

8.4.1　流动方程的离散化

连续性方程组进行差分即为流动方程的离散化(差分离散化)。通过差分的形式对偏微分方程求解，差商则是利用偏导数来代替，从而将高阶方程降阶处理，将求解区域内的方程组进行有限网格差分形成相应的代数表达。对离散化的流动方程采用"隐压显饱"方法求解，即通过隐式求解压力方程后再通过显式求解饱和度方程。

对气相、水相、固相连续性方程进行差分离散化处理，即各时间步长压力变化可用 $p^{n+1} = p^n + \Delta p$ 来表示，基质系统和裂缝系统的连续性方程的差分方程可用下面各式表示。

裂缝气相差分方程为

$$
\begin{aligned}
&T_{\mathrm{gf},\,i+\frac{1}{2}} \Delta p_{\mathrm{f},\,i+1} + T_{\mathrm{gf},\,i-\frac{1}{2}} \Delta p_{\mathrm{f},\,i-1} + T_{\mathrm{gf},\,j+\frac{1}{2}} \Delta p_{\mathrm{f},\,j+1} + T_{\mathrm{gf},\,j-\frac{1}{2}} \Delta p_{\mathrm{f},\,j-1} + T_{\mathrm{gf},\,k+\frac{1}{2}} \Delta p_{\mathrm{f},\,k+1} + T_{\mathrm{gf},\,k-\frac{1}{2}} \Delta p_{\mathrm{f},\,k-1} \\
&- \left[\left(T_{\mathrm{gf},\,i+\frac{1}{2}} + T_{\mathrm{gf},\,i-\frac{1}{2}} \right) \Delta p_{\mathrm{f},\,i} + \left(T_{\mathrm{gf},\,j+\frac{1}{2}} + T_{\mathrm{gf},\,j-\frac{1}{2}} \right) \Delta p_{\mathrm{f},\,j} + \left(T_{\mathrm{gf},\,k+\frac{1}{2}} + T_{\mathrm{gf},\,k-\frac{1}{2}} \right) \Delta p_{\mathrm{f},\,k} \right] \\
&+ \left[T_{\mathrm{gf},\,i+\frac{1}{2}} \left(p_{\mathrm{f},\,i+1}^n - p_{\mathrm{f},\,i}^n \right) + T_{\mathrm{gf},\,i-\frac{1}{2}} \left(p_{\mathrm{f},\,i-1}^n - p_{\mathrm{f},\,i}^n \right) + T_{\mathrm{gf},\,j+\frac{1}{2}} \left(p_{\mathrm{f},\,j+1}^n - p_{\mathrm{f},\,j}^n \right) \right. \\
&\left. + T_{\mathrm{gf},\,j-\frac{1}{2}} \left(p_{\mathrm{f},\,j-1}^n - p_{\mathrm{f},\,j}^n \right) + T_{\mathrm{gf},\,k+\frac{1}{2}} \left(p_{\mathrm{f},\,k+1}^n - p_{\mathrm{f},\,k}^n \right) + T_{\mathrm{gf},\,k-\frac{1}{2}} \left(p_{\mathrm{f},\,k-1}^n - p_{\mathrm{f},\,k}^n \right) \right] \\
&= \frac{V_{\mathrm{b}}}{\Delta t} \left(\varphi_{\mathrm{f}} \rho_{\mathrm{gf}}^n \Delta S_{\mathrm{gf}} + S_{\mathrm{gf}}^n \varphi_{\mathrm{f}} \frac{\partial \rho_{\mathrm{gf}}}{\partial p_{\mathrm{f}}} \Delta p_{\mathrm{f}} \right) + q_{\mathrm{g}} - \rho_{\mathrm{gm}} V_{\mathrm{b}} q_{\mathrm{gmf}}
\end{aligned}
\tag{8-40}
$$

裂缝气相差分方程为

$$
\begin{aligned}
&T_{\mathrm{wf},\,i+\frac{1}{2}} \Delta p_{\mathrm{f},\,i+1} + T_{\mathrm{wf},\,i-\frac{1}{2}} \Delta p_{\mathrm{f},\,i-1} + T_{\mathrm{wf},\,j+\frac{1}{2}} \Delta p_{\mathrm{f},\,j+1} + T_{\mathrm{wf},\,j-\frac{1}{2}} \Delta p_{\mathrm{f},\,j-1} + T_{\mathrm{wf},\,k+\frac{1}{2}} \Delta p_{\mathrm{f},\,k+1} + T_{\mathrm{wf},\,k-\frac{1}{2}} \Delta p_{\mathrm{f},\,k-1} \\
&- \left[\left(T_{\mathrm{wf},\,i+\frac{1}{2}} + T_{\mathrm{wf},\,i-\frac{1}{2}} \right) \Delta p_{\mathrm{f},\,i} + \left(T_{\mathrm{wf},\,j+\frac{1}{2}} + T_{\mathrm{wf},\,j-\frac{1}{2}} \right) \Delta p_{\mathrm{f},\,j} + \left(T_{\mathrm{wf},\,k+\frac{1}{2}} + T_{\mathrm{wf},\,k-\frac{1}{2}} \right) \Delta p_{\mathrm{f},\,k} \right] \\
&+ \left[T_{\mathrm{wf},\,i+\frac{1}{2}} \left(p_{\mathrm{f},\,i+1}^n - p_{\mathrm{f},\,i}^n \right) + T_{\mathrm{wf},\,i-\frac{1}{2}} \left(p_{\mathrm{f},\,i-1}^n - p_{\mathrm{f},\,i}^n \right) + T_{\mathrm{wf},\,j+\frac{1}{2}} \left(p_{\mathrm{f},\,j+1}^n - p_{\mathrm{f},\,j}^n \right) \right. \\
&\left. + T_{\mathrm{wf},\,j-\frac{1}{2}} \left(p_{\mathrm{f},\,j-1}^n - p_{\mathrm{f},\,j}^n \right) + T_{\mathrm{wf},\,k+\frac{1}{2}} \left(p_{\mathrm{f},\,k+1}^n - p_{\mathrm{f},\,k}^n \right) + T_{\mathrm{wf},\,k-\frac{1}{2}} \left(p_{\mathrm{f},\,k-1}^n - p_{\mathrm{f},\,k}^n \right) \right] \\
&= \frac{V_{\mathrm{b}} \varphi_{\mathrm{f}} \Delta S_{\mathrm{wf}}}{\Delta t} + \frac{q_{\mathrm{w}}}{\rho_{\mathrm{w}}} - \frac{V_{\mathrm{b}} q_{\mathrm{dws}}}{\rho_{\mathrm{w}}} - V_{\mathrm{b}} q_{\mathrm{wmf}}
\end{aligned}
\tag{8-41}
$$

裂缝固相差分方程为

$$
T_{\mathrm{sf},i+\frac{1}{2}}\Delta p_{\mathrm{f},i+1}+T_{\mathrm{sf},i-\frac{1}{2}}\Delta p_{\mathrm{f},i-1}+T_{\mathrm{sf},j+\frac{1}{2}}\Delta p_{\mathrm{f},j+1}+T_{\mathrm{sf},j-\frac{1}{2}}\Delta p_{\mathrm{f},j-1}+T_{\mathrm{sf},k+\frac{1}{2}}\Delta p_{\mathrm{f},k+1}+T_{\mathrm{sf},k-\frac{1}{2}}\Delta p_{\mathrm{f},k-1}
$$

$$
-\left[\left(T_{\mathrm{sf},i+\frac{1}{2}}+T_{\mathrm{sf},i-\frac{1}{2}}\right)\Delta p_{\mathrm{f},i}+\left(T_{\mathrm{sf},j+\frac{1}{2}}+T_{\mathrm{sf},j-\frac{1}{2}}\right)\Delta p_{\mathrm{f},j}+\left(T_{\mathrm{sf},k+\frac{1}{2}}+T_{\mathrm{sf},k-\frac{1}{2}}\right)\Delta p_{\mathrm{f},k}\right]
$$

$$
+\left[T_{\mathrm{sf},i+\frac{1}{2}}\left(p_{\mathrm{f},i+1}^{n}-p_{\mathrm{f},i}^{n}\right)+T_{\mathrm{sf},i-\frac{1}{2}}\left(p_{\mathrm{f},i-1}^{n}-p_{\mathrm{f},i}^{n}\right)+T_{\mathrm{sf},j+\frac{1}{2}}\left(p_{\mathrm{f},j+1}^{n}-p_{\mathrm{f},j}^{n}\right)\right.
$$

$$
\left.+T_{\mathrm{sf},j-\frac{1}{2}}\left(p_{\mathrm{f},j-1}^{n}-p_{\mathrm{f},j}^{n}\right)+T_{\mathrm{sf},k+\frac{1}{2}}\left(p_{\mathrm{f},k+1}^{n}-p_{\mathrm{f},k}^{n}\right)+T_{\mathrm{sf},k-\frac{1}{2}}\left(p_{\mathrm{f},k-1}^{n}-p_{\mathrm{f},k}^{n}\right)\right]
\tag{8-42}
$$

$$
+f_{i}\left(u_{\mathrm{sf},i+1}^{n}-u_{\mathrm{sf},i}^{n}\right)+f_{j}\left(u_{\mathrm{sf},j+1}^{n}-u_{\mathrm{sf},j}^{n}\right)+f_{k}\left(u_{\mathrm{sf},k+1}^{n}-u_{\mathrm{sf},k}^{n}\right)
$$

$$
=\frac{V_{\mathrm{b}}}{\Delta t}\left(\varphi_{\mathrm{f}}S_{\mathrm{gf}}^{m}\frac{\partial C_{\mathrm{sf}}}{\partial p_{\mathrm{f}}}\Delta p_{\mathrm{f}}+C_{\mathrm{sf}}^{m}\varphi_{\mathrm{f}}\Delta S_{\mathrm{gf}}+\varphi_{\mathrm{f}}S_{\mathrm{gf}}^{m}\frac{\partial C_{\mathrm{sf}}'}{\partial p_{\mathrm{f}}}\Delta p_{\mathrm{f}}+\varphi_{\mathrm{f}}C_{\mathrm{sf}}'^{n}\Delta S_{\mathrm{gf}}+\varphi_{\mathrm{f}}\Delta S_{\mathrm{sf}}\right)+\frac{q_{\mathrm{s}}}{\rho_{\mathrm{s}}}-V_{\mathrm{b}}q_{\mathrm{smf}}
$$

其中，

$$
T_{\mathrm{g},i\pm\frac{1}{2}}=F_{i\pm\frac{1}{2}}\left(\rho_{\mathrm{g}}\lambda_{\mathrm{g}}\right),T_{\mathrm{g},j\pm\frac{1}{2}}=F_{j\pm\frac{1}{2}}\left(\rho_{\mathrm{g}}\lambda_{\mathrm{g}}\right),T_{\mathrm{g},k\pm\frac{1}{2}}=F_{k\pm\frac{1}{2}}\left(\rho_{\mathrm{g}}\lambda_{\mathrm{g}}\right)
\tag{8-43}
$$

$$
T_{\mathrm{w},i\pm\frac{1}{2}}=F_{i\pm\frac{1}{2}}\left(\lambda_{\mathrm{w}}\right),T_{\mathrm{w},j\pm\frac{1}{2}}=F_{j\pm\frac{1}{2}}\left(\lambda_{\mathrm{w}}\right),T_{\mathrm{w},k+\frac{1}{2}}=F_{k\pm\frac{1}{2}}\left(\lambda_{\mathrm{w}}\right)
\tag{8-44}
$$

$$
T_{\mathrm{s},i\pm\frac{1}{2}}=F_{i\pm\frac{1}{2}}\left(\lambda_{\mathrm{g}}\right),T_{\mathrm{s},j\pm\frac{1}{2}}=F_{j\pm\frac{1}{2}}\left(\lambda_{\mathrm{g}}\right),T_{\mathrm{s},k\pm\frac{1}{2}}=F_{k\pm\frac{1}{2}}\left(\lambda_{\mathrm{g}}\right)
\tag{8-45}
$$

$$
F_{i\pm\frac{1}{2}}=\frac{\Delta y_{j}\Delta z_{k}}{\Delta x_{i\pm\frac{1}{2}}},F_{j\pm\frac{1}{2}}=\frac{\Delta x_{i}\Delta z_{k}}{\Delta y_{j\pm\frac{1}{2}}},F_{k\pm\frac{1}{2}}=\frac{\Delta x_{i}\Delta y_{j}}{\Delta z_{k\pm\frac{1}{2}}}
\tag{8-46}
$$

$$
f_{i}=\Delta y_{j}\Delta z_{k},f_{j}=\Delta x_{i}\Delta z_{k},f_{k}=\Delta x_{i}\Delta y_{j}
\tag{8-47}
$$

$$
\lambda_{\mathrm{g}}=\frac{K_{\mathrm{g}}}{\mu_{\mathrm{g}}}
\tag{8-48}
$$

$$
\lambda_{\mathrm{w}}=\frac{K_{\mathrm{w}}}{\mu_{\mathrm{w}}}
\tag{8-49}
$$

同理，基质气相差分方程为

$$
T_{\mathrm{gm},i+\frac{1}{2}}\Delta p_{\mathrm{m},i+1}+T_{\mathrm{gm},i-\frac{1}{2}}\Delta p_{\mathrm{m},i-1}+T_{\mathrm{gm},j+\frac{1}{2}}\Delta p_{\mathrm{m},j+1}+T_{\mathrm{gm},j-\frac{1}{2}}\Delta p_{\mathrm{m},j-1}+T_{\mathrm{gm},k+\frac{1}{2}}\Delta p_{\mathrm{m},k+1}+T_{\mathrm{gm},k-\frac{1}{2}}\Delta p_{\mathrm{m},k-1}
$$

$$
-\left[\left(T_{\mathrm{gm},i+\frac{1}{2}}+T_{\mathrm{m},i-\frac{1}{2}}\right)\Delta p_{\mathrm{m},i}+\left(T_{\mathrm{gm},j+\frac{1}{2}}+T_{\mathrm{m},j-\frac{1}{2}}\right)\Delta p_{\mathrm{m},j}+\left(T_{\mathrm{gm},k+\frac{1}{2}}+T_{\mathrm{gm},k-\frac{1}{2}}\right)\Delta p_{\mathrm{m},k}\right]
$$

$$
+\left[T_{\mathrm{gm},i+\frac{1}{2}}\left(p_{\mathrm{m},i+1}^{n}-p_{\mathrm{m},i}^{n}\right)+T_{\mathrm{gm},i-\frac{1}{2}}\left(p_{\mathrm{m},i-1}^{n}-p_{\mathrm{m},i}^{n}\right)+T_{\mathrm{gm},j+\frac{1}{2}}\left(p_{\mathrm{m},j+1}^{n}-p_{\mathrm{m},j}^{n}\right)\right.
$$

$$
\left.+T_{\mathrm{gm},j-\frac{1}{2}}\left(p_{\mathrm{m},j-1}^{n}-p_{\mathrm{m},j}^{n}\right)+T_{\mathrm{gm},k+\frac{1}{2}}\left(p_{\mathrm{m},k+1}^{n}-p_{\mathrm{m},k}^{n}\right)+T_{\mathrm{gm},k-\frac{1}{2}}\left(p_{\mathrm{m},k-1}^{n}-p_{\mathrm{m},k}^{n}\right)\right]
$$

$$
=\frac{V_{\mathrm{b}}}{\Delta t}\left(\varphi_{\mathrm{m}}\rho_{\mathrm{gm}}^{n}\Delta S_{\mathrm{gm}}+S_{\mathrm{gm}}^{m}\varphi_{\mathrm{m}}\frac{\partial\rho_{\mathrm{gm}}}{\partial p_{\mathrm{m}}}\Delta p_{\mathrm{m}}\right)+V_{\mathrm{b}}\rho_{\mathrm{gm}}q_{\mathrm{gmf}}
$$

$$
\tag{8-50}
$$

基质水相差分方程为

$$T_{\mathrm{wm},i+\frac{1}{2}}\Delta p_{\mathrm{m},i+1}+T_{\mathrm{wm},i-\frac{1}{2}}\Delta p_{\mathrm{m},i-1}+T_{\mathrm{wm},j+\frac{1}{2}}\Delta p_{\mathrm{m},j+1}+T_{\mathrm{wm},j-\frac{1}{2}}\Delta p_{\mathrm{m},j-1}+T_{\mathrm{wm},k+\frac{1}{2}}\Delta p_{\mathrm{m},k+1}+T_{\mathrm{wm},k-\frac{1}{2}}\Delta p_{\mathrm{m},k-1}$$

$$-\left[\left(T_{\mathrm{wm},i+\frac{1}{2}}+T_{\mathrm{wm},i-\frac{1}{2}}\right)\Delta p_{\mathrm{m},i}+\left(T_{\mathrm{wm},j+\frac{1}{2}}+T_{\mathrm{wm},j-\frac{1}{2}}\right)\Delta p_{\mathrm{m},j}+\left(T_{\mathrm{wm},k+\frac{1}{2}}+T_{\mathrm{wm},k-\frac{1}{2}}\right)\Delta p_{\mathrm{m},k}\right]$$

$$+\left[T_{\mathrm{wm},i+\frac{1}{2}}\left(p_{\mathrm{m},i+1}^{n}-p_{\mathrm{m},i}^{n}\right)+T_{\mathrm{wm},i-\frac{1}{2}}\left(p_{\mathrm{m},i-1}^{n}-p_{\mathrm{m},i}^{n}\right)+T_{\mathrm{wm},j+\frac{1}{2}}\left(p_{\mathrm{m},j+1}^{n}-p_{\mathrm{m},j}^{n}\right)\right.$$

$$\left.+T_{\mathrm{wm},j-\frac{1}{2}}\left(p_{\mathrm{m},j-1}^{n}-p_{\mathrm{m},j}^{n}\right)+T_{\mathrm{wm},k+\frac{1}{2}}\left(p_{\mathrm{m},k+1}^{n}-p_{\mathrm{m},k}^{n}\right)+T_{\mathrm{wm},k-\frac{1}{2}}\left(p_{\mathrm{m},k-1}^{n}-p_{\mathrm{m},k}^{n}\right)\right]$$

$$=\frac{V_{\mathrm{b}}\varphi_{\mathrm{m}}\Delta S_{\mathrm{wm}}}{\Delta t}+V_{\mathrm{b}}q_{\mathrm{wmf}}$$

$$(8\text{-}51)$$

基质固相差分方程为

$$T_{\mathrm{sm},i+\frac{1}{2}}\Delta p_{\mathrm{m},i+1}+T_{\mathrm{sm},i-\frac{1}{2}}\Delta p_{\mathrm{m},i-1}+T_{\mathrm{sm},j+\frac{1}{2}}\Delta p_{\mathrm{m},j+1}+T_{\mathrm{sm},j-\frac{1}{2}}\Delta p_{\mathrm{m},j-1}+T_{\mathrm{sm},k+\frac{1}{2}}\Delta p_{\mathrm{m},k+1}+T_{\mathrm{sm},k-\frac{1}{2}}\Delta p_{\mathrm{m},k-1}$$

$$-\left[\left(T_{\mathrm{sm},i+\frac{1}{2}}+T_{\mathrm{sm},i-\frac{1}{2}}\right)\Delta p_{\mathrm{m},i}+\left(T_{\mathrm{sm},j+\frac{1}{2}}+T_{\mathrm{sm},j-\frac{1}{2}}\right)\Delta p_{\mathrm{m},j}+\left(T_{\mathrm{sm},k+\frac{1}{2}}+T_{\mathrm{sm},k-\frac{1}{2}}\right)\Delta p_{\mathrm{m},k}\right]$$

$$+\left[T_{\mathrm{sm},i+\frac{1}{2}}\left(p_{\mathrm{m},i+1}^{n}-p_{\mathrm{m},i}^{n}\right)+T_{\mathrm{sm},i-\frac{1}{2}}\left(p_{\mathrm{m},i-1}^{n}-p_{\mathrm{m},i}^{n}\right)+T_{\mathrm{sm},j+\frac{1}{2}}\left(p_{\mathrm{m},j+1}^{n}-p_{\mathrm{m},j}^{n}\right)\right.$$

$$\left.+T_{\mathrm{sm},j-\frac{1}{2}}\left(p_{\mathrm{m},j-1}^{n}-p_{\mathrm{m},j}^{n}\right)+T_{\mathrm{sm},k+\frac{1}{2}}\left(p_{\mathrm{m},k+1}^{n}-p_{\mathrm{m},k}^{n}\right)+T_{\mathrm{sm},k-\frac{1}{2}}\left(p_{\mathrm{m},k-1}^{n}-p_{\mathrm{m},k}^{n}\right)\right]$$

$$+f_{i}\left(u_{\mathrm{sm},i+1}^{n}-u_{\mathrm{sm},i}^{n}\right)+f_{j}\left(u_{\mathrm{sm},j+1}^{n}-u_{\mathrm{sm},j}^{n}\right)+f_{k}\left(u_{\mathrm{sm},k+1}^{n}-u_{\mathrm{sm},k}^{n}\right)$$

$$=\frac{V_{\mathrm{b}}}{\Delta t}\left(\varphi_{\mathrm{m}}S_{\mathrm{gm}}^{m}\frac{\partial C_{\mathrm{sm}}}{\partial p_{\mathrm{m}}}\Delta p_{\mathrm{m}}+C_{\mathrm{sm}}^{n}\varphi_{\mathrm{m}}\Delta S_{\mathrm{gm}}+\varphi_{\mathrm{m}}S_{\mathrm{gm}}^{n}\frac{\partial C_{\mathrm{sm}}'}{\partial p_{m}}\Delta p_{\mathrm{m}}+\varphi_{\mathrm{m}}C_{\mathrm{sm}}''^{n}\Delta S_{\mathrm{gm}}+\varphi_{\mathrm{m}}\Delta S_{\mathrm{sm}}\right)+V_{\mathrm{b}}q_{\mathrm{smf}}$$

$$(8\text{-}52)$$

　　在求解压力的过程中，首先需消去式中所含的饱和度项，即令 $B_{\mathrm{f}}=\dfrac{\rho_{\mathrm{g,f}}^{n}}{1-C_{\mathrm{s,f}}^{n}-C_{\mathrm{s,f}}''^{n}}$，用 B_{f} 乘以裂缝固相差分方程[式(8-42)]，再加上裂缝气、水相差分方程[式(8-40)、式(8-41)]，便得到只有 Δp_{f} 的裂缝系统方程：

$$\left(B_{\mathrm{f}}T_{\mathrm{sf},i+\frac{1}{2}}+T_{\mathrm{gf},i+\frac{1}{2}}+T_{\mathrm{wf},i+\frac{1}{2}}\right)\Delta p_{\mathrm{f},i+1}+\left(B_{\mathrm{f}}T_{\mathrm{sf},i-\frac{1}{2}}+T_{\mathrm{gf},i-\frac{1}{2}}+T_{\mathrm{wf},i-\frac{1}{2}}\right)\Delta p_{\mathrm{f},i-1}$$

$$+\left(B_{\mathrm{f}}T_{\mathrm{sf},j+\frac{1}{2}}+T_{\mathrm{gf},j+\frac{1}{2}}+T_{\mathrm{wf},j+\frac{1}{2}}\right)\Delta p_{\mathrm{f},j+1}+\left(B_{\mathrm{f}}T_{\mathrm{sf},j-\frac{1}{2}}+T_{\mathrm{gf},j-\frac{1}{2}}+T_{\mathrm{wf},j-\frac{1}{2}}\right)\Delta p_{\mathrm{f},j-1}$$

$$+\left(B_{\mathrm{f}}T_{\mathrm{sf},k+\frac{1}{2}}+T_{\mathrm{gf},k+\frac{1}{2}}+T_{\mathrm{wf},k+\frac{1}{2}}\right)\Delta p_{\mathrm{f},k+1}+\left(B_{\mathrm{f}}T_{\mathrm{sf},k-\frac{1}{2}}+T_{\mathrm{gf},k-\frac{1}{2}}+T_{\mathrm{wf},k-\frac{1}{2}}\right)\Delta p_{\mathrm{f},k-1}$$

$$-\left[B_{\mathrm{f}}T_{\mathrm{sf},i+\frac{1}{2}}+T_{\mathrm{gf},i+\frac{1}{2}}+T_{\mathrm{wf},i+\frac{1}{2}}+B_{\mathrm{f}}T_{\mathrm{sf},i-\frac{1}{2}}+T_{\mathrm{gf},i-\frac{1}{2}}+T_{\mathrm{wf},i-\frac{1}{2}}\right.$$

$$+B_{\mathrm{f}}T_{\mathrm{sf},j+\frac{1}{2}}+T_{\mathrm{gf},j+\frac{1}{2}}+T_{\mathrm{wf},j+\frac{1}{2}}+B_{\mathrm{f}}T_{\mathrm{sf},j-\frac{1}{2}}+T_{\mathrm{gf},j-\frac{1}{2}}+T_{\mathrm{wf},j-\frac{1}{2}}$$

$$+B_{\mathrm{f}}T_{\mathrm{sf},k+\frac{1}{2}}+T_{\mathrm{gf},k+\frac{1}{2}}+T_{\mathrm{wf},k+\frac{1}{2}}+B_{\mathrm{f}}T_{\mathrm{sf},k-\frac{1}{2}}+T_{\mathrm{gf},k-\frac{1}{2}}+T_{\mathrm{wf},k-\frac{1}{2}}$$

$$+B_{\mathrm{f}}\frac{V_{\mathrm{b}}}{\Delta t}\left(\varphi_{\mathrm{f}}S_{\mathrm{gf}}^{n}\frac{\partial C_{\mathrm{sf}}}{\partial p_{\mathrm{f}}}+\varphi_{\mathrm{f}}S_{\mathrm{gf}}^{n}\frac{\partial C_{\mathrm{sf}}'}{\partial p_{\mathrm{f}}}\right)+S_{\mathrm{gf}}^{n}\varphi_{\mathrm{f}}\frac{\partial \rho_{\mathrm{gf}}}{\partial p_{\mathrm{f}}}\frac{V_{\mathrm{b}}}{\Delta t}\right]\Delta p_{\mathrm{f}}$$

$$+ B_{\mathrm{f}}\left[f_i\left(u_{\mathrm{sf},i+1}^n - u_{\mathrm{sf},i}^n\right) + f_j\left(u_{\mathrm{sf},j+1}^n - u_{\mathrm{sf},j}^n\right) + f_k\left(u_{\mathrm{sf},k+1}^n - u_{\mathrm{sf},k}^n\right)\right]$$

$$+ B_{\mathrm{f}}\left[T_{\mathrm{sf},i+\frac{1}{2}}\left(p_{\mathrm{f},i+1}^n - p_{\mathrm{f},i}^n\right) + T_{\mathrm{sf},i-\frac{1}{2}}\left(p_{\mathrm{f},i-1}^n - p_{\mathrm{f},i}^n\right) + T_{\mathrm{sf},j+\frac{1}{2}}\left(p_{\mathrm{f},j+1}^n - p_{\mathrm{f},j}^n\right)\right.$$

$$\left. + T_{\mathrm{sf},j-\frac{1}{2}}\left(p_{\mathrm{f},j-1}^n - p_{\mathrm{f},j}^n\right) + T_{\mathrm{sf},k+\frac{1}{2}}\left(p_{\mathrm{f},k+1}^n - p_{\mathrm{f},k}^n\right) + T_{\mathrm{sf},k-\frac{1}{2}}\left(p_{\mathrm{f},k-1}^n - p_{\mathrm{f},k}^n\right)\right]$$

$$+ \left[T_{\mathrm{gf},i+\frac{1}{2}}\left(p_{\mathrm{f},i+1}^n - p_{\mathrm{f},i}^n\right) + T_{\mathrm{gf},i-\frac{1}{2}}\left(p_{\mathrm{f},i-1}^n - p_{\mathrm{f},i}^n\right) + T_{\mathrm{gf},j+\frac{1}{2}}\left(p_{\mathrm{f},j+1}^n - p_{\mathrm{f},j}^n\right)\right.$$

$$\left. + T_{\mathrm{gf},j-\frac{1}{2}}\left(p_{\mathrm{f},j-1}^n - p_{\mathrm{f},j}^n\right) + T_{\mathrm{gf},k+\frac{1}{2}}\left(p_{\mathrm{f},k+1}^n - p_{\mathrm{f},k}^n\right) + T_{\mathrm{gf},k-\frac{1}{2}}\left(p_{\mathrm{f},k-1}^n - p_{\mathrm{f},k}^n\right)\right] \quad (8\text{-}53)$$

$$+ \left[T_{\mathrm{wf},i+\frac{1}{2}}\left(p_{\mathrm{f},i+1}^n - p_{\mathrm{f},i}^n\right) + T_{\mathrm{wf},i-\frac{1}{2}}\left(p_{\mathrm{f},i-1}^n - p_{\mathrm{f},i}^n\right) + T_{\mathrm{wf},j+\frac{1}{2}}\left(p_{\mathrm{f},j+1}^n - p_{\mathrm{f},j}^n\right)\right.$$

$$\left. + T_{\mathrm{wf},j-\frac{1}{2}}\left(p_{\mathrm{f},j-1}^n - p_{\mathrm{f},j}^n\right) + T_{\mathrm{wf},k+\frac{1}{2}}\left(p_{\mathrm{f},k+1}^n - p_{\mathrm{f},k}^n\right) + T_{\mathrm{wf},k-\frac{1}{2}}\left(p_{\mathrm{f},k-1}^n - p_{\mathrm{f},k}^n\right)\right]$$

$$= q_{\mathrm{g}} + \frac{q_{\mathrm{w}}}{\rho_{\mathrm{w}}} + \frac{q_{\mathrm{s}}}{\rho_{\mathrm{s}}} B_{\mathrm{f}} - V_{\mathrm{b}} \rho_{\mathrm{gm}} q_{\mathrm{gmf}} - \frac{V_{\mathrm{b}} q_{\mathrm{dws}}}{\rho_{\mathrm{w}}} - V_{\mathrm{b}} q_{\mathrm{wmf}} - V_{\mathrm{b}} q_{\mathrm{smf}} B_{\mathrm{f}}$$

同理，令 $B_{\mathrm{m}} = \dfrac{\rho_{\mathrm{g,m}}^n}{1 - C_{\mathrm{s,m}}^n - C_{\mathrm{s,m}}'^n}$，用 B_{m} 乘以基质固相差分方程［式(8-52)］，再加上基质

气、水相差分方程［式(8-50)、式(8-51)］，便得到只有 Δp_{m} 的基质系统方程：

$$\left(B_{\mathrm{m}} T_{\mathrm{sm},i+\frac{1}{2}} + T_{\mathrm{gm},i+\frac{1}{2}} + T_{\mathrm{wm},i+\frac{1}{2}}\right)\Delta p_{\mathrm{m},i+1} + \left(B_{\mathrm{m}} T_{\mathrm{sm},i-\frac{1}{2}} + T_{\mathrm{gm},i-\frac{1}{2}} + T_{\mathrm{wm},i-\frac{1}{2}}\right)\Delta p_{\mathrm{m},i-1}$$

$$+ \left(B_{\mathrm{m}} T_{\mathrm{sm},j+\frac{1}{2}} + T_{\mathrm{gm},j+\frac{1}{2}} + T_{\mathrm{wm},j+\frac{1}{2}}\right)\Delta p_{\mathrm{m},j+1} + \left(B_{\mathrm{m}} T_{\mathrm{sm},j-\frac{1}{2}} + T_{\mathrm{gm},j-\frac{1}{2}} + T_{\mathrm{wm},j-\frac{1}{2}}\right)\Delta p_{\mathrm{m},j-1}$$

$$+ \left(B_{\mathrm{m}} T_{\mathrm{sm},k+\frac{1}{2}} + T_{\mathrm{gm},k+\frac{1}{2}} + T_{\mathrm{wm},k+\frac{1}{2}}\right)\Delta p_{\mathrm{m},k+1} + \left(B_{\mathrm{m}} T_{\mathrm{sm},k-\frac{1}{2}} + T_{\mathrm{gm},k-\frac{1}{2}} + T_{\mathrm{wm},k-\frac{1}{2}}\right)\Delta p_{\mathrm{m},k-1}$$

$$- \left[B_{\mathrm{m}} T_{\mathrm{sm},i+\frac{1}{2}} + T_{\mathrm{gm},i+\frac{1}{2}} + T_{\mathrm{wm},i+\frac{1}{2}} + B_{\mathrm{f}} T_{\mathrm{sm},i-\frac{1}{2}} + T_{\mathrm{gm},i-\frac{1}{2}} + T_{\mathrm{wm},i-\frac{1}{2}} + B_{\mathrm{m}} T_{\mathrm{sm},j+\frac{1}{2}} \right.$$

$$+ T_{\mathrm{gm},j+\frac{1}{2}} + T_{\mathrm{wm},j+\frac{1}{2}} + B_{\mathrm{m}} T_{\mathrm{sm},j-\frac{1}{2}} + T_{\mathrm{gm},j-\frac{1}{2}} + T_{\mathrm{wm},j-\frac{1}{2}} + B_{\mathrm{m}} T_{\mathrm{sm},k+\frac{1}{2}}$$

$$+ T_{\mathrm{gm},k+\frac{1}{2}} + T_{\mathrm{wm},k+\frac{1}{2}} + B_{\mathrm{m}} T_{\mathrm{sm},k-\frac{1}{2}} + T_{\mathrm{gm},k-\frac{1}{2}} + T_{\mathrm{wm},k-\frac{1}{2}}$$

$$+ B_{\mathrm{m}} \frac{V_{\mathrm{b}}}{\Delta t}\left(\varphi_{\mathrm{m}} S_{\mathrm{gm}}^n \frac{\partial C_{\mathrm{sm}}}{\partial p_{\mathrm{m}}} + \varphi_{\mathrm{m}} S_{\mathrm{gm}}^n \frac{\partial C_{\mathrm{sm}}'}{\partial p_{\mathrm{m}}}\right) + S_{\mathrm{gm}}^n \varphi_{\mathrm{m}} \frac{\partial \rho_{\mathrm{gm}}}{\partial p_{\mathrm{m}}} \frac{V_{\mathrm{b}}}{\Delta t}\right] \Delta p_{\mathrm{m}}$$

$$+ B_{\mathrm{m}}\left[f_i\left(u_{\mathrm{sm},i+1}^n - u_{\mathrm{sm},i}^n\right) + f_j\left(u_{\mathrm{sm},j+1}^n - u_{\mathrm{sm},j}^n\right) + f_k\left(u_{\mathrm{sm},k+1}^n - u_{\mathrm{sm},k}^n\right)\right]$$

$$+ B_{\mathrm{m}}\left[T_{\mathrm{sm},i+\frac{1}{2}}\left(p_{\mathrm{m},i+1}^n - p_{\mathrm{m},i}^n\right) + T_{\mathrm{sm},i-\frac{1}{2}}\left(p_{\mathrm{m},i-1}^n - p_{\mathrm{m},i}^n\right) + T_{\mathrm{sm},j+\frac{1}{2}}\left(p_{\mathrm{m},j+1}^n - p_{\mathrm{m},j}^n\right)\right.$$

$$\left. + T_{\mathrm{sm},j-\frac{1}{2}}\left(p_{\mathrm{m},j-1}^n - p_{\mathrm{m},j}^n\right) + T_{\mathrm{sm},k+\frac{1}{2}}\left(p_{\mathrm{m},k+1}^n - p_{\mathrm{m},k}^n\right) + T_{\mathrm{sm},k-\frac{1}{2}}\left(p_{\mathrm{m},k-1}^n - p_{\mathrm{m},k}^n\right)\right]$$

$$+ \left[T_{\mathrm{gm},i+\frac{1}{2}}\left(p_{\mathrm{m},i+1}^n - p_{\mathrm{m},i}^n\right) + T_{\mathrm{gm},i-\frac{1}{2}}\left(p_{\mathrm{m},i-1}^n - p_{\mathrm{m},i}^n\right) + T_{\mathrm{gm},j+\frac{1}{2}}\left(p_{\mathrm{m},j+1}^n - p_{\mathrm{m},j}^n\right)\right.$$

$$\left. + T_{\mathrm{gm},j-\frac{1}{2}}\left(p_{\mathrm{m},j-1}^n - p_{\mathrm{m},j}^n\right) + T_{\mathrm{gm},k+\frac{1}{2}}\left(p_{\mathrm{m},k+1}^n - p_{\mathrm{m},k}^n\right) + T_{\mathrm{gm},k-\frac{1}{2}}\left(p_{\mathrm{m},k-1}^n - p_{\mathrm{m},k}^n\right)\right]$$

$$
\begin{aligned}
&+\left[T_{\text{wm},i+\frac{1}{2}}\left(p_{\text{m},i+1}^{n}-p_{\text{m},i}^{n}\right)+T_{\text{wm},i-\frac{1}{2}}\left(p_{\text{m},i-1}^{n}-p_{\text{m},i}^{n}\right)+T_{\text{wm},j+\frac{1}{2}}\left(p_{\text{m},j+1}^{n}-p_{\text{m},j}^{n}\right)\right.\\
&\left.+T_{\text{wm},j-\frac{1}{2}}\left(p_{\text{m},j-1}^{n}-p_{\text{m},j}^{n}\right)+T_{\text{wm},k+\frac{1}{2}}\left(p_{\text{m},k+1}^{n}-p_{\text{m},k}^{n}\right)+T_{\text{wm},k-\frac{1}{2}}\left(p_{\text{m},k-1}^{n}-p_{\text{m},k}^{n}\right)\right]
\end{aligned} \tag{8-54}
$$

$$
=V_{\text{b}}\rho_{\text{gm}}q_{\text{gmf}}+V_{\text{b}}q_{\text{wmf}}+V_{\text{b}}q_{\text{smf}}B_{\text{m}}
$$

构建上述划分网格方程组后，运用超松弛迭代方法进行方程组求解。

对裂缝、基质压力矩阵分别求解，并将其分别反代入式 (8-42) 与式 (8-52)，便可以得到裂缝、基质气相饱和度的表达式：

$$
\begin{aligned}
S_{\text{gf}}^{n+1}=S_{\text{gf}}^{n}&+\frac{\Delta t}{V_{\text{b}}\varphi_{\text{f}}\left(C_{\text{sf}}^{n}+C_{\text{sf}}'^{n}-1\right)}\Big\{T_{\text{sf},i+\frac{1}{2}}\Delta p_{\text{f},i+1}+T_{\text{sf},i-\frac{1}{2}}\Delta p_{\text{f},i-1}+T_{\text{sf},j+\frac{1}{2}}\Delta p_{\text{f},j+1}\\
&+T_{\text{sf},j-\frac{1}{2}}\Delta p_{\text{f},j-1}+T_{\text{sf},k+\frac{1}{2}}\Delta p_{\text{f},k+1}+T_{\text{sf},k-\frac{1}{2}}\Delta p_{\text{f},k-1}\\
&-\left[\left(T_{\text{sf},i+\frac{1}{2}}+T_{\text{sf},i-\frac{1}{2}}\right)\Delta p_{\text{f},i}+\left(T_{\text{sf},j+\frac{1}{2}}+T_{\text{sf},j-\frac{1}{2}}\right)\Delta p_{\text{f},j}+\left(T_{\text{sf},k+\frac{1}{2}}+T_{\text{sf},k-\frac{1}{2}}\right)\Delta p_{\text{f},k}\right]\\
&+\left[T_{\text{sf},i+\frac{1}{2}}\left(p_{\text{f},i+1}^{n}-p_{\text{f},i}^{n}\right)+T_{\text{sf},i-\frac{1}{2}}\left(p_{\text{f},i-1}^{n}-p_{\text{f},i}^{n}\right)+T_{\text{sf},j+\frac{1}{2}}\left(p_{\text{f},j+1}^{n}-p_{\text{f},j}^{n}\right)+T_{\text{sf},j-\frac{1}{2}}\left(p_{\text{f},j-1}^{n}-p_{\text{f},j}^{n}\right)\right.\\
&\left.+T_{\text{sf},k+\frac{1}{2}}\left(p_{\text{f},k+1}^{n}-p_{\text{f},k}^{n}\right)+T_{\text{sf},k-\frac{1}{2}}\left(p_{\text{f},k-1}^{n}-p_{\text{f},k}^{n}\right)\right]\\
&+\left[f_{i}\left(u_{\text{sf},i+1}^{n}-u_{\text{sf},i}^{n}\right)+f_{j}\left(u_{\text{sf},j+1}^{n}-u_{\text{sf},j}^{n}\right)+f_{k}\left(u_{\text{sf},k+1}^{n}-u_{\text{sf},k}^{n}\right)\right]\\
&-\left[\frac{V_{\text{b}}}{\Delta t}\left(\varphi_{\text{f}}S_{\text{gf}}^{n}\frac{\partial C_{\text{sf}}}{\partial p_{\text{f}}}+\varphi_{\text{f}}S_{\text{gf}}^{n}\frac{\partial C_{\text{sf}}'}{\partial p_{\text{f}}}\right)+\frac{q_{\text{s}}}{\rho_{\text{s}}}-V_{\text{b}}q_{\text{smf}}\right]\Big\}
\end{aligned} \tag{8-55}
$$

$$
\begin{aligned}
S_{\text{gm}}^{n+1}=S_{\text{gm}}^{n}&+\frac{\Delta t}{V_{\text{b}}\varphi_{\text{m}}\left(C_{\text{sm}}^{n}+C_{\text{sm}}'^{n}-1\right)}\Big\{T_{\text{sm},i+\frac{1}{2}}\Delta p_{\text{m},i+1}+T_{\text{sm},i-\frac{1}{2}}\Delta p_{\text{m},i-1}+T_{\text{sm},j+\frac{1}{2}}\Delta p_{\text{m},j+1}\\
&+T_{\text{sm},j-\frac{1}{2}}\Delta p_{\text{m},j-1}+T_{\text{sm},k+\frac{1}{2}}\Delta p_{\text{m},k+1}+T_{\text{sm},k-\frac{1}{2}}\Delta p_{\text{m},k-1}\\
&-\left[\left(T_{\text{sm},i+\frac{1}{2}}+T_{\text{sm},i-\frac{1}{2}}\right)\Delta p_{\text{m},i}+\left(T_{\text{sm},j+\frac{1}{2}}+T_{\text{sm},j-\frac{1}{2}}\right)\Delta p_{\text{m},j}+\left(T_{\text{sm},k+\frac{1}{2}}+T_{\text{sm},k-\frac{1}{2}}\right)\Delta p_{\text{m},k}\right]\\
&+\left[T_{\text{sm},i+\frac{1}{2}}\left(p_{\text{m},i+1}^{n}-p_{\text{m},i}^{n}\right)+T_{\text{sm},i-\frac{1}{2}}\left(p_{\text{m},i-1}^{n}-p_{\text{m},i}^{n}\right)+T_{\text{sm},j+\frac{1}{2}}\left(p_{\text{m},j+1}^{n}-p_{\text{m},j}^{n}\right)+T_{\text{sm},j-\frac{1}{2}}\left(p_{\text{m},j-1}^{n}-p_{\text{m},j}^{n}\right)\right.\\
&\left.+T_{\text{sm},k+\frac{1}{2}}\left(p_{\text{m},k+1}^{n}-p_{\text{m},k}^{n}\right)+T_{\text{sm},k-\frac{1}{2}}\left(p_{\text{m},k-1}^{n}-p_{\text{m},k}^{n}\right)\right]\\
&+\left[f_{i}\left(u_{\text{sm},i+1}^{n}-u_{\text{sm},i}^{n}\right)+f_{j}\left(u_{\text{sm},j+1}^{n}-u_{\text{sm},j}^{n}\right)+f_{k}\left(u_{\text{sm},k+1}^{n}-u_{\text{sm},k}^{n}\right)\right]\\
&-\left[\frac{V_{\text{b}}}{\Delta t}\left(\varphi_{\text{m}}S_{\text{gm}}^{n}\frac{\partial C_{\text{sm}}}{\partial p_{\text{m}}}+\varphi_{\text{m}}S_{\text{gm}}^{n}\frac{\partial C_{\text{sm}}'}{\partial p_{\text{m}}}\right)+V_{\text{b}}q_{\text{smf}}\right]\Big\}
\end{aligned}
$$

$$
\tag{8-56}
$$

$n+1$ 时刻的水相饱和度可由饱和度归一化方程计算出：

$$
s_{\text{wf}}^{n+1}=1-s_{\text{gf}}^{n+1}-s_{\text{sf}}^{n+1} \tag{8-57}
$$

$$
s_{\text{wm}}^{n+1}=1-s_{\text{gm}}^{n+1}-s_{\text{sm}}^{n+1} \tag{8-58}
$$

其中，式 (8-57)、式 (8-58) 中硫饱和度可写成下式：

$$S_s = \frac{1}{10^3 (1 - S_{wi}) \rho_s} \left(\frac{M_a \gamma_g}{ZRT} \right)^4 \exp\left(\frac{-4666}{T} - 4.5711 \right) \left(p_0^4 - p_i^4 \right) \tag{8-59}$$

8.4.2　水平井模型的处理

开发高含硫裂缝性底水气藏时，水平井应用十分广泛。水平井不仅能有效沟通裂缝，也能避免气井过早见水，利用水平井技术对高含硫底水气藏开发具有重要意义。

在对裂缝性气藏开发进行数值模拟时，数值模拟的基本模型是一致的，主要区别就在于内边界的处理。水平井模型的处理主要包括两种类型：一是在给定井底流压的情况下，如何得出水平井所在网格的产量，然后得到水平井的总产量；二是在给定产量的情况下，如何将总产量分配到井筒所在网格，然后进一步推算各个网格的压力。差分方程中的源汇项即井筒所在网格的产量，给定了源汇项，就可以得到压力分布以及饱和度分布情况。图 8-2 为直井和水平井的含井网格示意图。

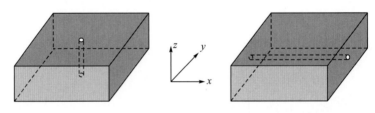

图 8-2　含井网格

假设一个三维坐标系为 lmn，当水平井井筒方向与 n 轴平行时，则在 lm 平面上为平面径向流，生产指数 PID 为

$$PID = \frac{2\pi \sqrt{K_l K_m} h_k}{\left[\ln\left(\dfrac{r_e}{r_w} \right) + S - \dfrac{3}{4} \right]} \tag{8-60}$$

总表皮因子 S：

$$S = S_{硫} + S_{其他} \tag{8-61}$$

总表皮因子 S 是随着时间变化而变化的，可以根据不同时刻的含硫饱和度计算得到不同时刻的表皮系数。

对于各向异性的储层，井筒等效供给半径 r_e 为

$$r_e = \frac{0.28 \left[\left(\dfrac{K_l}{K_m} \right)^{0.5} \Delta m^2 + \left(\dfrac{K_m}{K_l} \right)^{0.5} \Delta l^2 \right]^{0.5}}{\left(\dfrac{K_l}{K_m} \right)^{0.25} + \left(\dfrac{K_m}{K_l} \right)^{0.25}} \tag{8-62}$$

式中，r_w、r_e——等效井筒半径、等效供给半径；

　　　K_l、K_m——l、m 轴方向的渗透率；

S——总表皮系数。

因此，当水平段与 x 轴平行时，$r_{\mathrm{e}} = \dfrac{0.28\left[\left(\dfrac{K_y}{K_z}\right)^{0.5}\Delta z^2 + \left(\dfrac{K_z}{K_y}\right)^{0.5}\Delta y^2\right]^{0.5}}{\left(\dfrac{K_y}{K_z}\right)^{0.25} + \left(\dfrac{K_z}{K_y}\right)^{0.25}}$；当水平段与 y

轴平行时，$r_{\mathrm{e}} = \dfrac{0.28\left[\left(\dfrac{K_x}{K_z}\right)^{0.5}\Delta z^2 + \left(\dfrac{K_z}{K_x}\right)^{0.5}\Delta y^2\right]^{0.5}}{\left(\dfrac{K_x}{K_z}\right)^{0.25} + \left(\dfrac{K_z}{K_x}\right)^{0.25}}$。

内边界条件为定产量生产时，若水平井总产气量为 Q_{vg}，并假设水平井所在网格数量为 L 个，则第 i 个网格的产气量为

$$Q_{\mathrm{vg}i} = Q_{\mathrm{vg}} \cdot \frac{(\mathrm{PID}\,\lambda_{\mathrm{g}})_i}{\displaystyle\sum_{i=1}^{L}(\mathrm{PID}\,\lambda_{\mathrm{g}})_i} \tag{8-63}$$

则第 i 个网格的产水量为

$$Q_{\mathrm{vw}i} = Q_{\mathrm{vg}i} \cdot \frac{\lambda_{\mathrm{w}i}}{\lambda_{\mathrm{g}i}} \tag{8-64}$$

此时井底流压为

$$p_{\mathrm{wf}} = \frac{\displaystyle\sum_{i=1}^{L}(\mathrm{PID}_i\, p_{\mathrm{wf}i})}{\displaystyle\sum_{i=1}^{L}\mathrm{PID}_i} \tag{8-65}$$

$$p_{\mathrm{wf}i} = p_{\mathrm{fg}i} - \frac{Q_{\mathrm{vg}i} + Q_{\mathrm{vw}i}}{\mathrm{PID}(\lambda_{\mathrm{g}} + \lambda_{\mathrm{w}})} \tag{8-66}$$

式中，$p_{\mathrm{wf}i}$——第 i 个网格处的井底压力；

$p_{\mathrm{fg}i}$——第 i 个网格处的裂缝压力；

λ_{g}、λ_{w}——气、水的相对流度。

水平井定井底流压生产时，可以使用显式和隐式的方法求解网格处的压力，由于显式方法比较简单，使用方便，因此本书使用该方法，将 n 时刻的网格压力与井底流压之差当成生产压差计算产量，则水平井第 i 个网格处的产气量为

$$Q_{\mathrm{vg}i} = (\mathrm{PID}\cdot\lambda_{\mathrm{g}})_i(p_{\mathrm{fg}i}^{n} - p_{\mathrm{wf}}) \tag{8-67}$$

同理，可以计算得到水平井第 i 个网格处的产水量 $Q_{\mathrm{vw}i}$。

第9章 高含硫底水气藏产能预测及水侵规律研究

9.1 数值机理模型及参数

9.1.1 程序设计流程

为了进行高含硫底水气藏水平井产能预测及水侵规律研究，本章在建立的三维气、水两相渗流数学模型的基础上，利用 MATLAB2016a 软件编制了相应的数值模拟程序，建立了机理模型。图 9-1 为程序设计流程。

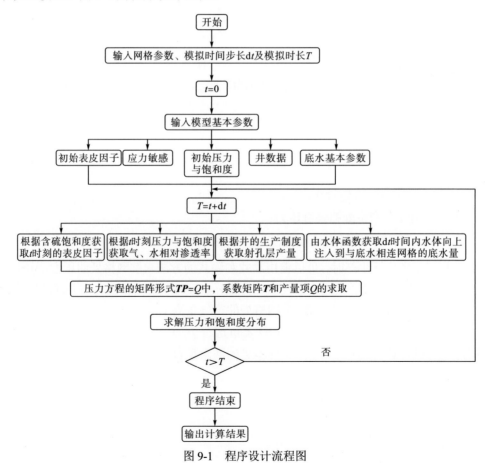

图 9-1 程序设计流程图

9.1.2 机理模型

本书采用 $19 \times 19 \times 10$ 的网格进行模拟计算，模型网格数据如表 9-1 所示。生产井位于模型中间层位，模型生产井所在平面网格划分如图 9-2 所示。

表 9-1 模型网格数据

N_x	N_y	N_z	dx/m	dy/m	dz/m
19	19	10	80	80	10

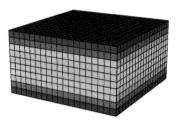 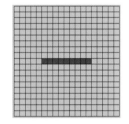

(a) 本书建立的机理模型   (b) 水平井所在平面示意图

图 9-2 机理模型

9.1.3 模型基本参数

1.孔隙度及渗透率

模型的孔隙度、渗透率如表 9-2 所示。

表 9-2 模型孔渗参数

	孔隙度/%	渗透率/mD
基质	9	1.2
裂缝	1.9	12

2.气藏流体 PVT 参数

气藏流体 PVT 参数如表 9-3 所示。

表 9-3 气藏流体 PVT 参数

p/MPa	B_g/$(m^3 \cdot m^{-3})$	μ_g/$(mPa \cdot s)$
8	0.0180	0.016
10	0.0144	0.016
20	0.0073	0.018

p/MPa	B_g/(m³·m⁻³)	μ_g/(mPa·s)
30	0.0051	0.021
40	0.0041	0.025
50	0.0035	0.028
60	0.0031	0.031
70	0.0029	0.033

3.相对渗透率曲线数据

基质系统相对渗透率数据如表9-4所示。

表9-4 基质系统相对渗透率数据表

S_g	K_{rg}	K_{rw}
0.165	0	0.250
0.201	0.0054	0.192
0.235	0.026	0.134
0.302	0.105	0.059
0.336	0.168	0.036
0.369	0.252	0.016
0.404	0.352	0.014
0.512	0.535	0.008
0.643	0.721	0.001
0.715	0.76	0

由于裂缝宽度较大,毛管压力很低可以忽略,当多相流体流过时,不同相之间的相互阻碍很小,因此残余气及束缚水饱和度都很小,相对渗透率曲线接近对角线(表9-5)。

表9-5 裂缝系统相对渗透率数据表

S_g	K_{rg}	K_{rw}
0	0	1
1	1	0

4.模型的其他参数

模型的其他参数如表9-6所示。

表9-6 模型的其他参数

参数名称	数值
原始地层压力/MPa	68.5
地层水黏度/(mPa·s)	0.2405
有效厚度/m	100

续表

参数名称	数值
水的地层体积系数	1.04
顶深/m	6000
气-水界面深度/m	6100
地面水的密度/(kg·m^{-3})	1024
地层水压缩系数/MPa^{-1}	4.9×10^{-4}
岩石压缩系数/MPa^{-1}	1.2×10^{-4}
水平井段长度/m	720
裂缝含水饱和度(小数)	0.3
裂缝含气饱和度(小数)	0.7
基质含水饱和度(小数)	0.3
基质含气饱和度(小数)	0.7
井筒半径/m	0.1

9.2　模型可靠性验证

9.2.1　模型零流量验证

编制的数值模拟软件首先必须要进行模型零流量验证。本书的零流量验证具体做法是在模型中间层位布置一口水平井,并将水平井所在的网格的产水量及产气量都设为零,在此情况下运算模拟软件,模拟地层生产 7300d,验证生产过程中的气藏压力、渗透率及气、水饱和度是否发生变化,若以上参数均保持不变,说明该模型符合零流量验证要求。

9.2.2　模型可靠性验证

为了验证模型的可靠性,利用 Eclipse 建立机理模型进行对比。在不考虑硫沉积、底水水侵以及裂缝应力敏感的情况下,将水平井设置在模型的中间层位,以 $50×10^4 m^3 \cdot d^{-1}$ 的产量进行定产量生产,并将水平井井筒最低流压设置为 25MPa,模拟气井生产 7300d。对比结果如表 9-7 所示,水平井日产气量及井底流压的对比关系如图 9-3、图 9-4 所示,累计产气量及生产气水比对比关系如图 9-5、图 9-6 所示。从表 9-7 和图 9-3~图 9-6 可以看出,编程计算结果误差较小,因此模型较可靠。

表 9-7　储量计算结果对比

名称	气藏总储量/(10^{8}m^3)	累计产气量/(10^{8}m^3)	采出程度/%
Eclipse 建模	58.14	16.42	28.3
编程运算结果	59.85	17.20	28.67

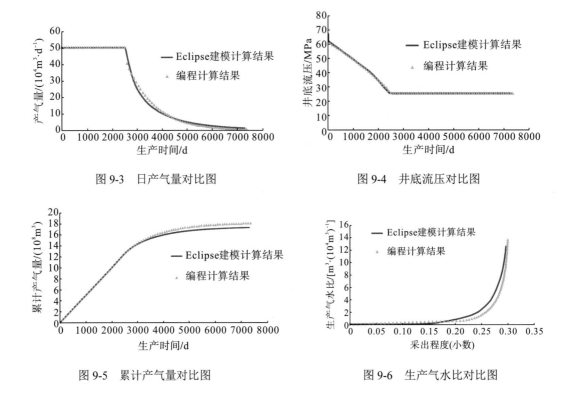

图 9-3　日产气量对比图　　　　　图 9-4　井底流压对比图

图 9-5　累计产气量对比图　　　　图 9-6　生产气水比对比图

9.3　高含硫底水气藏产能预测及水侵规律影响因素分析

9.3.1　水体大小的影响

为了分析水体大小对高含硫底水气藏开发的影响，设置基础模型：水平井以 $50×10^4 m^3 \cdot d^{-1}$ 定产量生产，水平井筒最低流压为25MPa。

如果高含硫裂缝性气藏具有底水，水平气井产水对气藏开发将是一个很不利的因素。本书模拟了 4 种方案（1 倍水体、2 倍水体、10 倍水体以及 20 倍水体）对气藏开发的影响，模拟计算结果对比如表 9-8 所示，模拟结果如图 9-7～图 9-15 所示。

表 9-8　不同水体大小模拟结果对比

方案名称	稳产时间/d	见水时间/d	累计产气量/($10^8 m^3$)	累计产水量/($10^4 m^3$)	采出程度/%
水体	2525	1492	17.20	5.00	28.67
1 倍水体	2557	1581	18.30	11.47	30.50
2 倍水体	2557	1552	18.40	28.79	30.67
10 倍水体	2160	1429	18.00	137.98	30.00
20 倍水体	2070	1406	17.90	199.44	29.83

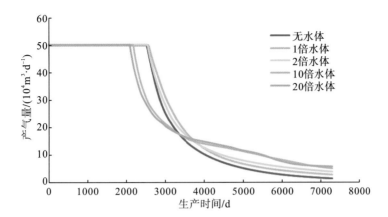

图 9-7　日产气量与生产时间的关系曲线

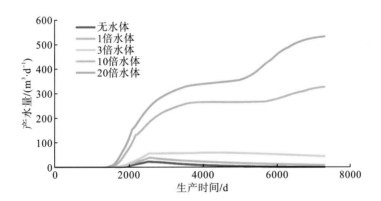

图 9-8　日产水量与生产时间的关系曲线

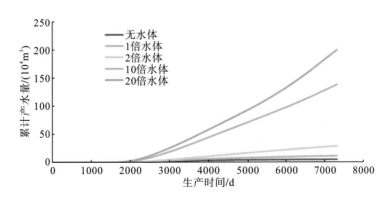

图 9-9　累计产水量与生产时间的关系曲线

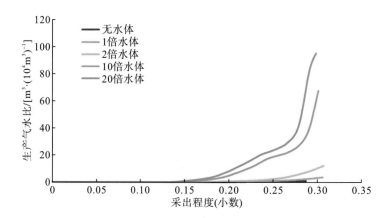

图 9-10   生产气水比与采出程度的关系曲线

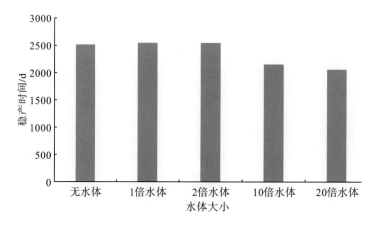

图 9-11   水体大小对稳产时间的影响

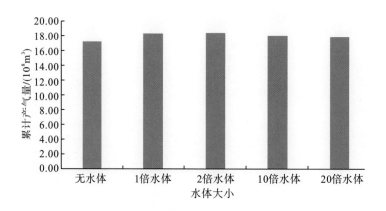

图 9-12   水体大小对累计产气量的影响

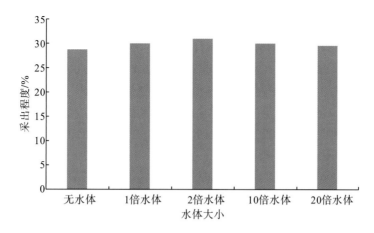

图 9-13　水体大小对采出程度的影响

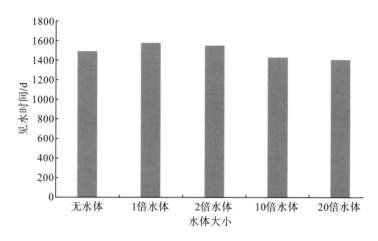

图 9-14　水体大小对见水时间的影响

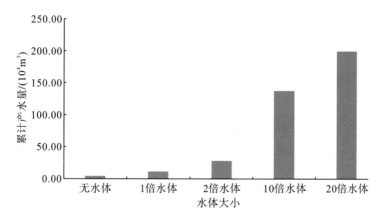

图 9-15　水体大小对累计产水量的影响

由图 9-7～图 9-15 可以看出，当不存在底水时，稳产时间为 2525d，累计产气量为 $17.20 \times 10^8 \mathrm{m}^3$，气藏采出程度为 28.67%，气井见水时间为 1492d，累计产水量为 $5.0 \times 10^4 \mathrm{m}^3$。

当水体大小分别为 1 倍水体时、2 倍水体时，稳产时间均为 2557d。当水体大小分别为 10 倍水体和 20 倍水体时，稳产时间分别是 2160d 和 2070d，相对于无底水情况，稳产时间分别减少了 365d 和 455d，稳产时间减少幅度较大。4 种不同水体大小情况下累计产气量分别是 $18.30\times10^8m^3$、$18.40\times10^8m^3$、$18.00\times10^8m^3$ 和 $17.90\times10^8m^3$，采出程度分别是 30.50%、30.67%、30.00%、29.83%，说明不同水体大小对最终累计采气量影响不大。4 种不同水体大小累计产水量分别是 $11.47\times10^4m^3$、$28.79\times10^4m^3$、$137.98\times10^4m^3$ 和 $199.44\times10^4m^3$，相对于无底水情况，累计产水量分别增长了 $6.47\times10^4m^3$、$23.79\times10^4m^3$、$132.98\times10^4m^3$ 和 $194.44\times10^4m^3$，说明水体大小对累计产水量影响较大，生产后期气水比上升更快，这是因为气藏水体倍数越大，水体能量越充足，水侵越严重，水沿裂缝窜流速度越快，气水比上升也越快。同时从日产气量下降阶段可以看出，1 倍水体及 2 倍水体情况下的日产气量下降较快，而 10 倍水体及 20 倍水体情况下的日产气量下降较慢，这是因为水体越大，水体能量越大，地层得到的能量补充越多，所以日产气量下降越慢。

通过以上分析可以得出：水体大小主要影响气井稳产时间及见水后生产气水比的上升速度。因此，在高含硫裂缝性底水气藏的开发过程中，应该重视水体大小的影响，尽早做好控水、防水措施。

9.3.2 硫沉积的影响

根据所建立的模型，将井底流压控制在 25MPa，水体倍数为 2 倍，分别模拟产气量为 $50\times10^4m^3\cdot d^{-1}$ 和 $70\times10^4m^3\cdot d^{-1}$ 时硫沉积对气井产量及水侵的影响，其模拟计算结果如表 9-9 和图 9-16～图 9-24 所示。

表 9-9　硫沉积结果对比表

方案名称	稳产时间/d	见水时间/d	累计产气量/(10^8m^3)	累计产水量/(10^4m^3)	采出程度/%
$50\times10^4m^3\cdot d^{-1}$(不考虑硫沉积)	2557	1552	18.40	28.79	30.67
$50\times10^4m^3\cdot d^{-1}$(考虑硫沉积)	2282	1552	17.60	20.32	29.30
$70\times10^4m^3\cdot d^{-1}$(不考虑硫沉积)	1674	1065	18.64	31.84	31.06
$70\times10^4m^3\cdot d^{-1}$(考虑硫沉积)	1492	1065	17.91	22.60	29.85

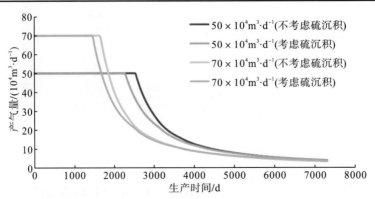

图 9-16　日产气量对生产时间的关系曲线

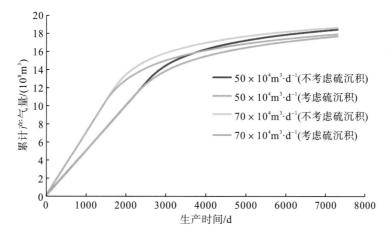

图 9-17　累计产气量对生产时间的关系曲线

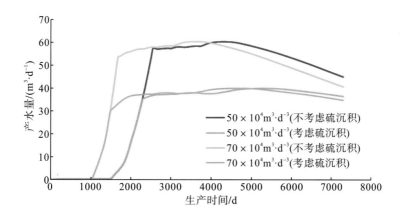

图 9-18　日产水量与生产时间的关系曲线

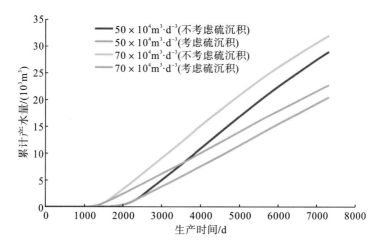

图 9-19　累计产水量与生产时间的关系曲线

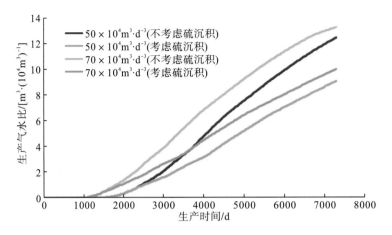

图 9-20　生产气水比与生产时间的关系曲线

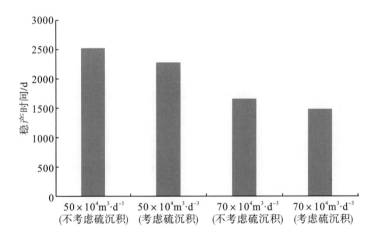

图 9-21　硫沉积对稳产时间的影响

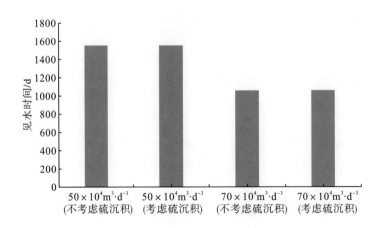

图 9-22　硫沉积对见水时间的影响

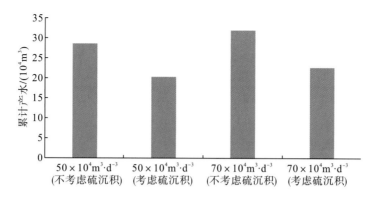

图 9-23　硫沉积对累计产水量的影响

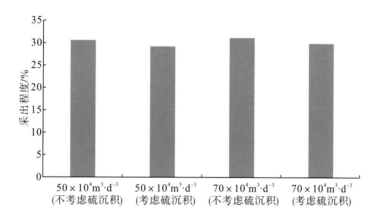

图 9-24　硫沉积对采出程度的影响

从图 9-16～图 9-24 可以看出，当产气量为 $50 \times 10^4 \mathrm{m}^3 \cdot \mathrm{d}^{-1}$ 时，考虑硫沉积时气井稳产时间为 2282d，比不考虑硫沉积时的气井稳产时间减少了 275d；当产气量为 $70 \times 10^4 \mathrm{m}^3 \cdot \mathrm{d}^{-1}$ 时，考虑硫沉积时气井稳产时间为 1492d，比不考虑硫沉积时的气井稳产时间减少了 182d。硫沉积对见水时间的影响较小，这是因为硫沉积主要发生在近井地带，远离水平段井筒的裂缝中硫沉积量较少，所以硫沉积对底水沿裂缝上窜影响较小，但见水以后，硫沉积会同时影响气体和水相渗流，增加流动的附加压降，降低了最大日产水量，减缓了生产气水比的上升趋势，最终降低了累计产水量。

9.3.3　裂缝与基质渗透率比值的影响

在高含硫裂缝性底水气藏中，通常气体主要储集在基质岩块中，流体主要在裂缝中流动。为了研究裂缝作为主要的渗流通道对裂缝性底水气藏水平井开发的影响，在基础方案（裂缝与基质渗透率比为 10）的基础上，又模拟了裂缝与基质渗透率比分别为 1、20、50、100 时的对比方案。模拟计算结果如表 9-10 和图 9-25～图 9-34 所示。

表 9-10　不同裂缝与基质渗透率比值的结果对比

方案	稳产时间 /d	见水时间 /d	累计产气量 /(10⁸m³)	累计产水量 /(10⁴m³)	采出程度 /%
$k_f/k_m=1$	2829	2223	18.60	21.00	31.00
$k_f/k_m=10$	2557	1552	18.40	28.79	30.67
$k_f/k_m=20$	2282	1276	18.10	38.00	30.16
$k_f/k_m=50$	1734	1003	17.80	61.00	29.67
$k_f/k_m=100$	1461	822	16.70	83.00	27.83

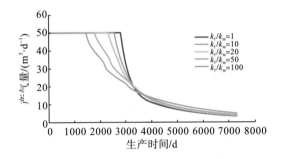

图 9-25　日产气量与生产时间的关系曲线

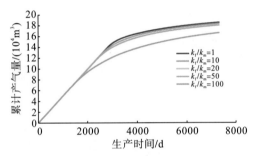

图 9-26　累计产气量与生产时间的关系曲线

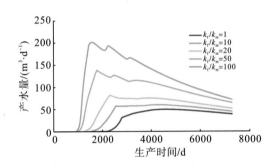

图 9-27　日产水量与生产时间的关系曲线

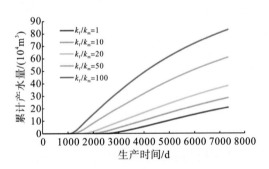

图 9-28　累计产水量与生产时间的关系曲线

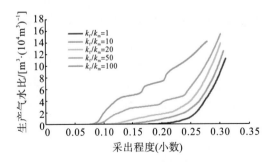

图 9-29　生产气水比与采出程度
的关系曲线

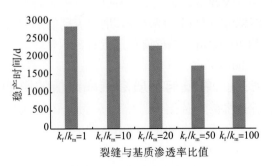

图 9-30　裂缝与基质渗透率比值对水平井稳产
时间的影响

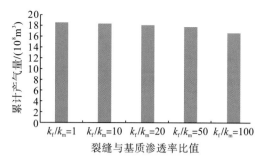

图 9-31　裂缝与基质渗透率比对水平井累计
产气量的影响

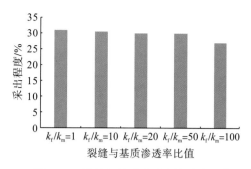

图 9-32　裂缝与基质渗透率比对水平井
采出程度的影响

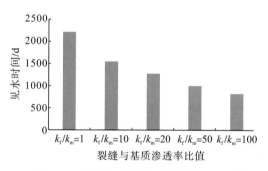

图 9-33　裂缝与基质渗透率比值对水平井
见水时间的影响

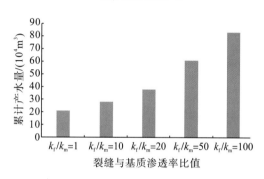

图 9-34　裂缝与基质渗透率比对水平井
累计产水量的影响

从图 9-25～图 9-34 可以看出，裂缝与基质渗透率比值对利用水平井开发裂缝性底水气藏影响较大，主要表现在影响水平井稳产时间、见水时间、生产气水比及累计产水量。当基质渗透率固定时，裂缝渗透率越大，底水更容易通过裂缝窜入气井，导致底水突进越快，气井见水越早，气井产水量越大，生产气水比上升越快，累计产水量也就越高，最终导致采出程度越低。

当裂缝与基质渗透率比值为 1 时，气井稳产时间为 2829d，累计产气量为 $18.60 \times 10^8 m^3$，采出程度为 31%，气井见水时间为 2223d，累计产水量为 $21 \times 10^4 m^3$。当基质渗透率固定，增大裂缝渗透率，裂缝与基质渗透率比为 10、20、50、100 时，对应的稳产时间分别为 2557d、2282d、1734d、1461d，见水时间分别是 1552d、1276d、1003d、822d，累计产气量分别是 $18.40 \times 10^8 m^3$、$18.10 \times 10^8 m^3$、$17.8 \times 10^8 m^3$、$16.70 \times 10^8 m^3$，累计产水量分别是 $28.79 \times 10^4 m^3$、$38.00 \times 10^4 m^3$、$61.00 \times 10^4 m^3$、$83.00 \times 10^4 m^3$。相对于裂缝与基质渗透率比值为 1 时，稳产时间缩短了 272d、547d、1095d、1368d，见水时间分别提前了 671d、947d、1220d、1401d，累计产水量分别上升了 $7.79 \times 10^4 m^3$、$17.00 \times 10^4 m^3$、$40.00 \times 10^4 m^3$、$62.00 \times 10^4 m^3$。

9.3.4　产量的影响

将井底流压控制在 25MPa，水体倍数为 2 倍水体，模拟水平井的产量对气藏开发的影响。分别考虑产气量为 $30 \times 10^4 m^3 \cdot d^{-1}$，$50 \times 10^4 m^3 \cdot d^{-1}$，$70 \times 10^4 m^3 \cdot d^{-1}$，$90 \times 10^4 m^3 \cdot d^{-1}$ 时

对气藏开发的影响。模拟结果如表 9-11 和图 9-35～图 9-44 所示。

表 9-11　不同产量大小模拟结果对比

产气量/($10^4m^3 \cdot d^{-1}$)	稳产时间/d	见水时间/d	累计产气量/(10^8m^3)	累计产水量/(10^4m^3)	采出程度/%
30	4578	2922	16.85	19.33	28.08
50	2557	1552	18.40	28.50	30.67
70	1674	1065	18.64	31.84	31.06
90	1130	789	18.50	33.50	30.80

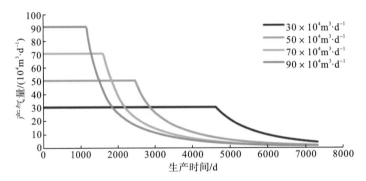

图 9-35　日产气量与生产时间的关系曲线

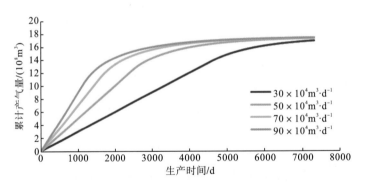

图 9-36　累计产气量与生产时间的关系曲线

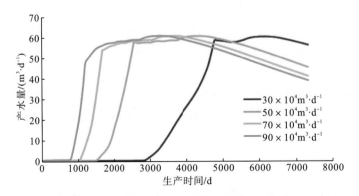

图 9-37　日产水量与生产时间的关系曲线图

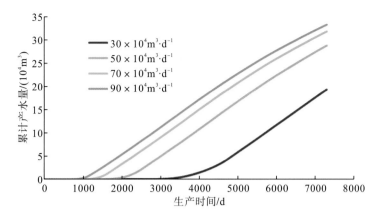

图 9-38 累计产水量与生产时间的关系曲线图

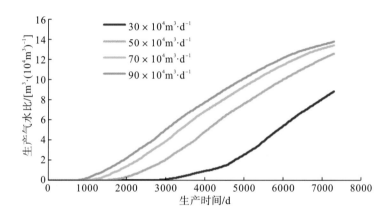

图 9-39 生产气水比与生产时间的关系曲线

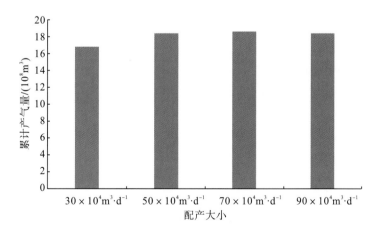

图 9-40 配产对水平井累计产气量的影响

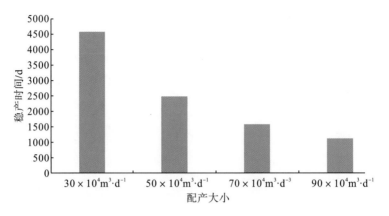

图 9-41 配产对水平井稳产时间的影响

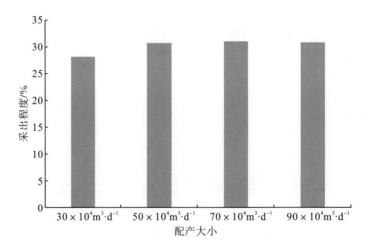

图 9-42 配产对水平井采出程度的影响

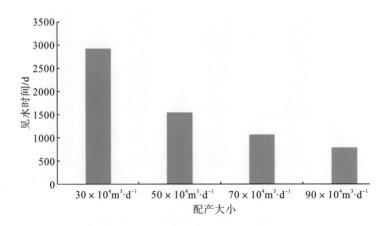

图 9-43 配产对水平井见水时间的影响

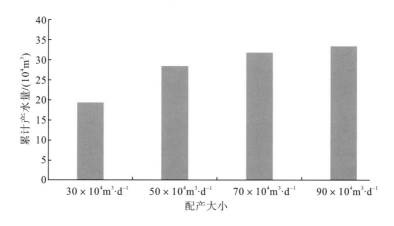

图 9-44　配产对水平井累计产水量的影响

从图 9-35～图 9-44 可知，当日产气量为 $30×10^4\text{m}^3\cdot\text{d}^{-1}$ 时，水平井稳产时间为 4578d，见水时间为 2922d，累计产气量为 $16.85×10^8\text{m}^3$，累产水量为 $19.33×10^4\text{m}^3$。当产气量分别为 $50×10^4\text{m}^3\cdot\text{d}^{-1}$、$70×10^4\text{m}^3\cdot\text{d}^{-1}$、$90×10^4\text{m}^3\cdot\text{d}^{-1}$ 时，气井稳产时间分别为 2557d、1674d、1130d，气井见水时间分别为 1552d、1065d、789d，累计产气量分别是 $18.40×10^8\text{m}^3$、$18.64×10^8\text{m}^3$、$18.50×10^8\text{m}^3$，累计产水量分别是 $28.79×10^4\text{m}^3$、$31.84×10^4\text{m}^3$、$33.50×10^4\text{m}^3$。相对于产气量为 $30×10^4\text{m}^3\cdot\text{d}^{-1}$，其他日产气量情况下，水平气井稳产时间分别减少了 2021d、2904d、3448d，见水时间分别提前了 1370d、1857d、2133d，由于生产时间较长，也没有考虑底水在井底聚集的影响，累计产气量相差不大，而累计产水量分别增加了 $9.46×10^4\text{m}^3$、$12.51×10^4\text{m}^3$、$14.17×10^4\text{m}^3$，说明水平井日产气量越高，底水沿裂缝窜流速度越快，气井见水越早，稳产时间越短，累计产水量越大。

参 考 文 献

陈恺, 何顺利. 2009. 底水锥进对砂岩底水气藏开发效果的影响[J]. 重庆科技学院学报(自然科学版), 11(6): 24-25+29.

陈中华, 熊齐胜, 张岛. 2007. 高含硫气田不同井型元素硫沉积模型及应用研究[J]. 天然气勘探与开发, 30(1): 54-57.

程开河, 江同文, 王新裕, 等. 2007. 和田河气田奥陶系底水气藏水侵机理研究[J]. 天然气工业, 27(3): 108-110+159.

崔丽萍, 何顺利. 2009. 底水油藏水平井产量公式研究[J]. 石油天然气学报, 31(3): 9, 110-114.

窦宏恩. 1996. 预测水平井产能的一种新方法[J]. 石油钻采工艺, (1): 76-81, 108.

樊怀才, 钟兵, 李晓平, 等. 2012. 裂缝型产水气藏水侵机理研究[J]. 天然气地球科学, 23(6): 1179-1184.

方飞飞, 刘华勋, 肖前华. 2019. 非均质气藏水侵规律物理模拟实验研究[J]. 实验室研究与探索, 38(3): 85-89.

方建龙. 2016. 碳酸盐岩缝洞底水气藏渗流特征与开发技术对策研究[D]. 成都: 西南石油大学.

高旺来, 何顺利. 2008. 迪那2气藏地层压力变化对储层渗透率的影响[J]. 西南石油大学学报(自然科学版), (4): 86-88+11.

郭肖, 陈路原, 杜志敏. 2003. 关于Joshi水平井产能公式的讨论[J]. 西南石油学院学报, 25(2): 2, 41-43.

郭肖, 杜志敏. 2010. 酸性气井井筒压力温度分布预测模型研究进展[J]. 西南石油大学学报, 32(5): 91-95.

郭肖, 杜志敏, 周志军. 2006. 疏松砂岩油藏流固耦合流动模拟研究[J]. 西南石油大学学报(自然科学版), 28(4): 53-56+104.

郭肖. 2016. 页岩气渗流机理及数值模拟[M]. 北京: 科学出版社.

郭绪强, 阎炜, 陈爽, 等. 2000. 特高压力下天然气压缩因子模型应用评价[J]. 石油大学学报(自然科学版), 24(6): 36-38.

何鲁平, 陈素珍. 1995. 底水驱油藏水平井数值模拟研究[J]. 大庆石油地质与开发, (2): 26-30+76.

胡俊坤, 李晓平, 李琰, 等. 2009. 异常高压气藏有限封闭水体能量评价[J]. 石油与天然气地质, 30(6): 689-691.

胡勇, 李熙喆, 万玉金, 等. 2016. 裂缝气藏水侵机理及对开发影响实验研究[J]. 天然气地球科学, 27(5): 910-917.

黄全华, 付云辉, 陆云, 等. 2016. HCZ模型参数求解的新方法[J]. 科学技术与工程, 16(36): 157-160.

贾晓飞, 雷光伦, 孙召勃, 等. 2019. 三维各向异性油藏水平井产能新公式[J]. 油气地质与采收率, 26(2): 113-119.

贾英, 严谨, 孙雷, 等. 2015. 松南火山岩气藏流体相态特征研究[J]. 西南石油大学学报(自然科学版), 37(5): 91-98.

贾长青. 2005. 胡家坝石炭系气藏水侵特征及治水效果分析[D]. 成都: 西南石油大学.

蒋光迹, 汤思斯, 黄元和, 等. 2013. 高含硫碳酸盐岩气藏衰竭实验研究[J]. 石油化工应用, 32(1): 60-63.

康晓东, 李相方, 张国松. 2004. 气藏早期水侵识别方法[J]. 天然气地球科学, (6): 637-639.

李传亮. 2005. 油藏工程原理[M]. 北京: 石油工业出版社.

李凤颖, 伊向艺, 卢渊, 等. 2011. 异常高压有水气藏水侵特征[J]. 特种油气藏, 18(5): 89-92, 140.

李丽, 刘建仪, 张威, 等. 2012. 高温高压气藏地层水结垢规律实验研究[J]. 西南石油大学学报(自然科学版), 34(1): 134-140.

李士伦. 2000. 天然气工程[M]. 北京: 石油工业出版社.

李涛, 袁舟, 陈伟, 等. 2014. 气藏水平井边水突破时间预测[J]. 断块油气田, 21(3): 341-343.

李晓平, 龚伟, 唐庚, 等. 2006. 气藏水平井生产系统动态分析模型[J]. 天然气工业, 26(5): 96-98.

李晓平, 刘启国, 赵必荣. 1998. 水平气井产能影响因素分析[J]. 天然气工业, (2): 63-66.

李泽沛. 2017. 具有大裂缝的异常高压气藏产水规律研究[D]. 成都: 西南石油大学.

李周, 罗卫华, 赵慧言, 等. 2015. 硫吸附和地层水存在下的单质硫沉积规律研究[J]. 天然气地球科学, 26(12): 2360-2364.

刘华林, 刘晓华, 邹春梅, 等.2018. 底水气藏高导流能力断层纵向水侵数值模拟研究[J]. 科学技术与工程, 18(5): 39-44.

刘华勋, 任东, 高树生, 等.2015. 边、底水气藏水侵机理与开发对策[J]. 天然气工业, 35(2): 47-53.

刘建仪, 郭平, 李士伦, 等. 2002. 异常高温凝析气藏地层水高压物性实验研究[J]. 西南石油大学学报(自然科学版), 24(2): 9-11+5.

刘晓旭, 胡勇, 朱斌, 等.2006. 储层应力敏感性影响因素研究[J]. 特种油气藏, (3): 18-21+105-106.

卢国助, 冯国庆, 徐红伟, 等.2008. 充西新井开发效果分析及对策探讨[J]. 石油钻采工艺, 30(2): 100-103+114.

罗启源.2010. 气水同产水平井产能分析方法[J]. 新疆石油地质, 31(6): 632-633.

罗涛, 王阳.2002. 裂缝水窜气藏单井数值模拟研究[J]. 天然气工业, (S1): 95-97.

马时刚, 冯志华.2006. 计算异常高压气藏水侵量的方法[J]. 天然气勘探与开发, 29(4): 36-39+74.

苗彦平.2014. 考虑应力敏感裂缝性底水气藏数值模拟研究[D]. 成都: 西南石油大学.

欧特尔等.2008. 普朗特流体力学基础[M]. 朱自强, 等译. 北京: 科学出版社.

彭小龙, 杜志敏.2004. 大裂缝底水气藏渗流模型及数值模拟[J]. 天然气工业, (11): 25, 116-119.

曲立才.2015. 大庆徐深气田气藏相态与渗流机理研究[J]. 长江大学学报(自科版), 12(23): 30-32+4.

Rilwan A M. 2016. 裂缝性底水油藏水侵规律数值模拟研究[D]. 青岛: 中国石油大学(华东).

商克俭, 冯东梅, 叶礼友, 等.2018. 裂缝-孔隙型双重介质气藏开发影响分析[J]. 西南石油大学学报(自然科学版), 40(2): 107-114.

沈伟军, 李熙喆, 刘晓华, 等.2014. 裂缝性气藏水侵机理物理模拟[J]. 中南大学学报(自然科学版), 45(9): 3283-3287.

石婷, 郭肖, 唐林, 等.2016. 各向异性底水油藏水平井产能预测新方法[J]. 石油化工应用, 35(2): 16-19, 23.

石婷.2016. 裂缝性底水气藏水侵物理模拟及数值模拟研究[D]. 成都: 西南石油大学.

汤勇, 杜志敏, 孙雷, 等.2010. 考虑地层水存在的高温高压凝析气藏相态研究[J]. 西安石油大学学报(自然科学版), 25(4): 28-31+110.

唐川, 赵家辉, 张俊松, 等.2013. 考虑水封气的水驱气藏动态储量计算新方法[J]. 天然气与石油, 31(1): 63-65+2.

王大为, 李晓平.2011. 水平井产能分析理论研究进展[J]. 岩性油气藏, 23(2): 120-125, 134.

王会强, 李晓平, 吴锋, 等.2008. 边水气藏气井见水时间预测方法[J]. 特种油气藏, 15(4): 73-74+93+108.

王会强, 李晓平, 杨琪, 等.2007. 底水气藏见水时间预测方法[J]. 新疆石油地质, 28(1): 92-93.

王利岩, 郭天民.1992. 基于 Patel-Teja 状态方程的统一黏度模型: Ⅱ[J]. 化工学报, 44(6): 685-691.

王彭.2018. 高含硫有水气藏水侵动态分析[D]. 成都: 西南石油大学.

王少军, 付新, 王梓力, 等.2012. 考虑元素硫沉积的水平井产量预测方法研究[J]. 石油天然气学报, 34(4): 119-123, 168-169.

王允诚.2006. 油层物理学[M]. 成都: 四川科学技术出版社.

王自明, 袁迎中, 蒲海洋, 等.2012. 碳酸盐岩油气藏等效介质数值模拟技术[M]. 北京: 石油工业出版社.

吴建发, 郭建春, 赵金洲.2004. 裂缝性地层气水两相渗流机理研究[J]. 天然气工业, 24(11): 85-87+21.

吴克柳, 李相方, 韩易龙, 等.2011. 底水气藏水平井临界生产压差变化规律[J]. 新疆石油地质, 32(6): 630-633.

熊钰, 欧阳沐鲲, 钟吉彬, 等.2009. 邛西北断块须二气藏水体特征及水侵动态分析[J]. 内蒙古石油化工, 35(7): 41-43.

熊钰, 杨水清, 乐宏, 等.2010. 裂缝型底水气藏水侵动态分析方法[J]. 天然气工业, 30(1): 61-64+142.

徐耀东.2012. 底水气藏气井见水时间预测方法[J]. 内蒙古石油化工, 38(2): 149-151.

杨帆, 李治平, 王向齐.2007. 凝析气藏气液固三相数值模拟[J]. 石油钻采工艺, 29(3): 101-104+127.

杨芙蓉, 樊平天, 贺静, 等.2013. 边水气藏高产气井见水时间预测方法[J]. 科学技术与工程, 13(29): 8745-8747+8754.

杨继盛.1992. 采气工艺基础[M]. 北京: 石油工业出版社.

杨宇, 冯文光, 宋传真. 2001. 裂缝性边水油气藏水侵量计算方法[J]. 矿物岩石, (4): 79-81.

于清艳, 刘鹏程, 李勇, 等. 2017. 缝洞型底水气藏水平井水侵动态数学模型与影响因素研究[J]. 现代地质, 31(3): 614-622.

余启奎, 宿亚仙, 李正华, 等. 2016. 普光气田裂缝-孔隙型储层气藏水侵识别标准的建立[J]. 石化技术, 23(5): 191.

袁淋, 王朝明, 李晓平, 等. 2016. 致密砂岩气藏气水同产水平井产能公式推导及应用[J]. 岩性油气藏, 28(3): 121-126.

袁士义, 宋新民, 冉启全. 2004. 裂缝性油藏开发技术[M]. 北京: 石油工业出版社.

张凤东, 康毅力, 刘永良, 等. 2007. 致密气藏开发过程中水侵量的最优化计算[J]. 油气地质与采收率, 14(6): 85-87+117.

张李. 2007. 考虑应力敏感影响的气藏数值模拟研究[D]. 成都: 西南石油大学.

张丽囡, 李笑萍, 赵春森, 等. 1993. 气井产出水的来源及地下相态的判断[J]. 大庆石油学院学报, 17(2): 107-110.

张烈辉. 2004. 实用油藏模拟技术[M]. 北京: 石油工业出版社.

张烈辉. 2005. 油气藏数值模拟基本原理[M]. 北京: 石油工业出版社.

张茂林, 喻高明. 1988. 油气体系拟组分相平衡及物性参数设计[J]. 天然气工业, 18(4): 26-32.

张茂林, 张晓辉, 杨春, 等. 2012. 高含硫水侵气藏考虑硫沉积的物质平衡方程[J]. 天然气勘探与开发, 35(2): 28-30+38+87.

张庆辉, 李相方, 张磊, 等. 2012. 考虑启动压力梯度的低渗底水气藏见水时间预测[J]. 石油钻探技术, 40(5): 96-99.

张睿, 孙兵, 秦凌嵩, 等. 2018. 气井见水后产能评价研究进展[J]. 断块油气田, 25(1): 62-65.

张书平, 王晓荣, 樊莲莲, 等. 2007. 气井携砂理论研究与应用[J]. 断块油气田, 14(1): 50-52.

张数球, 李晓波. 2009. 四川地区水驱气藏开发探讨[J]. 中外能源, 14(4): 43-47.

张新征. 2005. 裂缝型有水气藏水侵动态早期预测方法研究[D]. 成都: 西南石油大学.

张延晨, 刘竟成, 毛宾. 2010. 异常高压气藏储量和水侵量计算新方法[J]. 油气田地面工程, 29(2): 25-27.

赵春森, 王会, 吕建荣. 2011. 底水驱动油藏水平井油水两相流产能研究[J]. 科学技术与工程, 11(19): 4433-4435.

赵汉中. 2005. 工程流体力学[M]. 武汉: 华中科技大学出版社.

赵长庆, 常晓平, 吕晓华. 2003. 油藏模拟中的水体及收敛问题研究[J]. 大庆石油地质与开发, (2): 31-34, 68-69.

赵智强. 2015. MX区块缝洞型气藏应力敏感及水侵机理研究[D]. 成都: 西南石油大学.

郑洪印. 1991. 底水气藏气井动态模拟研究[J]. 新疆石油地质, 12(3): 223-228.

周克明, 李宁, 张清秀, 等. 2002. 气水两相渗流及封闭气的形成机理实验研究[J]. 天然气工业, (S1): 1, 122-125.

朱争. 2016. 裂缝性底水气藏水侵动态规律研究[D]. 成都: 西南石油大学.

Barnea D. 1986. Transition from annular flow and from dispersed bubble flow—unified models for the whole range of pipe inclinations[J]. International Journal of Multiphase Flow, 12(5): 733-744.

Beggs H D. 1984. Gas Production Operation[M]. Tulsa Ok: OGCI Publication.

Borisov J P. 1964. Oil Production Using Horizontal and Multiple Deviation Wells[M]. Moscow: Nedra: 32-36.

Brunner E, Place J, Woll W. 1988. Sulfur solubility in sour gas[J]. Journal of Petroleum Technology, 1587-1589.

Chrastil J. 1982. Solubility of solids and liquids in supercritical gases[J]. Physical Chemistry, 86(2): 3016-3018.

Clark R K, Bickham K L. 1994. A mechanistic model for cuttings transport[C]. SPE28306.

Fadairo A, Ameloko A, Ako C, et al. 2010. Modeling of wax deposition during oil production using a two-phase flash calculation[J]. Petroleum and Coal, 52(3): 193-202.

Fetkovich M J. 1971. A simplified approach to water influx calculations–finite aquifer systems[J]. Journal of Petroleum Technology, 23(7): 814-828.

Gilman J R, Kazemi H. 1982. Improvement in simulation of naturally fractured reservoirs[J]. Society of Petroleum Engineers Journal, 23(4): 695-707.

Gozalpour F, Danesh M A, Fonseca M. 2005. Physical and rheological behaviour of high pressure high temperture fluids in presence of water[C]. SPE94068

Guo X, Wang P, Liu J, et al. 2017. Gas-well water breakthrough time predication models for high-sulfur gas reservoirs considering sulfur deposition[J]. Jorunal of Petroleum Science&Engineering, 157: 999-1006.

Hawkins M F. 1956. A note on the skin effect[J]. Transactions of the AIME, 207(12): 65-66.

Hinze J O. 1955. Fundamentals of the hydrodynamic mechanism of splitting in dispersion processes[J]. AIChE Journal, 1(3): 289-295.

Joshi S D. 1988. Production forecasting methods for horizontal wells[C]. SPE17580

Kazemi H, Merrill L S, Porterield K L, et al. 1976. Numerical simulation of water-oil flow in natrually fractured reservoirs[C]. SPE5719.

Khaled A A F. 2007. A prediction of water content in sour natural gas[D]. Riyadh: King Saud University.

Kuo Y Y, Fejer J A. 1972. Spectral-line structures of saturated parametric instabilities[J]. Physical Review Letters, 29(25): 1667-1670.

Kurose R, Misumi R, Komori S. 2001. Drag and lift forces acting on a spherical bubble in a linear shear flow[J]. International Journal of Multiphase Flow, 27(7): 1247-1258.

Levich V G. 1962. Physicochemical Hydrodynamics[M]. Upper Saddle River: Prentice-Hall.

Little J E, Kennedy H T. 1968. A correlation of the viscosity of hydrocarbon systems with pressure, temperature and composition[J]. Society of Petroleum Engineers Journal, 8(2): 157-162.

Lohrenz J, Bray B G, Clark C R. 1964. Calculating viscosities of reservoir fluids from their compositions[J]. Journal of Petroleum Technology, 16(10): 1171-1176.

Lu J, Tiab D. 2007. A simple productivity equation for a horizontal well in pseudosteady state in a closed anisotropic box shaped reservoir[C]//Production and Operations Symposium. Society of Petroleum Engineers, 2007.

Olarewaju J S. 1989. Automated analysis of gas reservoirs with edgewater and bottomwater drives[C]. SPE19067.

Peng D Y, Robinson D B. 1976. A New Two-Constant Equation of State[J]. Minerva Ginecologica, 12(1): 3069–3078.

Pozrikidis C. 2011. Introduction to Theoretical and Computational Fluid Dynamics[M]. Oxford: Oxford University Press.

Roberts B E. 1996. The effect of sulfur deposition on gas well inflow performance[C]. SPE36707.

Shlooenberger K A. 1994. An experimental and analytical investigation of entrainment rates for downward annular mist two-phase flow in pipes and downstream of a loclized contraction[D]. Berkeley: University of California.

Sloan E D. 1998. Clathrate Hydrate of Natural Gases[M]. New York: Marcel Dekker Inc.

Soliman H M. 1983. Correlation of mist-to-annular transition during condensation[J]. Canaidian Journal of Chemical Engineering, 61(2): 178-182.

Soreide I, Whitson C H. 1992. Peng-Robinson predictions for hydrocarbons, CO_2, N_2, and H_2S with pure water and NaCl brine[J]. Fluid Phase Equilibria, 77(92): 217-240.

Tang Y, Voelker J, Keskin C, et al. 2011. A flow assurance study on elemental sulfur deposition in sour gas wells[C]. SPE147244.

Thomas L K, Dixion T N, Pierson R G. 1983. Fractured reservoir simulation[C]. SPE9305.

Turner R G, Hubbard M G, Dukler A E. 1969. Analysis and prediction of minimum flow rate for the continuous removal of liquids from gas well[J]. Journal of Petroleum Technoligy, 21(11): 1475-1482.

Warren J E, Root P J. 1963. The behavior of naturally fractured reservoirs[J]. Society of Petroleum Engineers, 3(3): 245-255.

Wichert E, Aziz K. 1972. Calculation of Z`s for sour gases[J]. Hydrocarbon Processing, 51(5): 119-122.

Wu K, Li X. 2013. A New method to predict water breakthrough time in an edge water condensate gas reservoir considering retrograde condensation[J]. Petroleum Science & Technology, 31(17): 1738-1743.

Zeng Z W, Grigg R. 2006. A criterion for non-darcy flow in porous media[J]. Transport in Porous Media, 63(1): 57-69.

Zhang L H, Li Y, Li X P. 2004. New method to predict condensing effect on water breakthrough in condensate reservoirs with bottom water[J]. Natural Gas Industry, 24: 74-75.